Peter Jehle | Stefan Seyffert | Steffi Wagner

IntelliBau

# VIEWEG+TEUBNER RESEARCH

## Schriften zur Bauverfahrenstechnik

Herausgeber:
Univ.-Prof. Dr.-Ing. Peter Jehle, Technische Universität Dresden

Die permanente und in einzelnen Facetten rasante Entwicklung und Weiterentwicklung der Baustoffe, der Maschinen und Geräte im Bauwesen, aber auch die Zusammenführung normativer oder internationaler technischer Standards erfordert Anpassungen und Innovationen bei den Bauverfahren und der Bautechnik. Dies gilt besonders vor dem Hintergrund der Forderungen beispielsweise nach mehr Effizienz, Umweltbewusstsein, Ökonomie oder Dauerhaftigkeit, kurz: Nachhaltigkeit.

Die Schriftenreihe liefert einen Beitrag zur Verbreitung dieser praxisrelevanten Entwicklungen und Anwendungen und gibt damit wichtige Anstöße auch für eng an die Verfahrenstechnik gekoppelte Wissensgebiete. Es werden Ergebnisse aus der eigenen Forschung, Beiträge zu Marktveränderungen sowie Berichte über aktuelle Branchenentwicklungen veröffentlicht. Darüber hinaus werden auch Werke externer Autoren aufgenommen, sofern diese das Profil der Reihe ergänzen.

Peter Jehle | Stefan Seyffert | Steffi Wagner

# IntelliBau

Anwendbarkeit der RFID-Technologie
im Bauwesen

VIEWEG+TEUBNER RESEARCH

Bibliografische Information der Deutschen Nationalbibliothek
Die Deutsche Nationalbibliothek verzeichnet diese Publikation in der
Deutschen Nationalbibliografie; detaillierte bibliografische Daten sind im Internet über
<http://dnb.d-nb.de> abrufbar.

1. Auflage 2011

Alle Rechte vorbehalten
© Vieweg+Teubner Verlag | Springer Fachmedien Wiesbaden GmbH 2011

Lektorat: Ute Wrasmann | Sabine Schöller

Vieweg+Teubner Verlag ist eine Marke von Springer Fachmedien.
Springer Fachmedien ist Teil der Fachverlagsgruppe Springer Science+Business Media.
www.viewegteubner.de

Das Werk einschließlich aller seiner Teile ist urheberrechtlich geschützt. Jede Verwertung außerhalb der engen Grenzen des Urheberrechtsgesetzes ist ohne Zustimmung des Verlags unzulässig und strafbar. Das gilt insbesondere für Vervielfältigungen, Übersetzungen, Mikroverfilmungen und die Einspeicherung und Verarbeitung in elektronischen Systemen.

Die Wiedergabe von Gebrauchsnamen, Handelsnamen, Warenbezeichnungen usw. in diesem Werk berechtigt auch ohne besondere Kennzeichnung nicht zu der Annahme, dass solche Namen im Sinne der Warenzeichen- und Markenschutz-Gesetzgebung als frei zu betrachten wären und daher von jedermann benutzt werden dürften.

Umschlaggestaltung: KünkelLopka Medienentwicklung, Heidelberg
Gedruckt auf säurefreiem und chlorfrei gebleichtem Papier.
Printed in Germany

ISBN 978-3-8348-1468-5

# Geleitwort

Die RFID-Technologie gewinnt seit einigen Jahren Bedeutung in unterschiedlichsten Anwendungsbereichen, wie beispielsweise in der Warenlogistik, der stationären Produktionssteuerung oder der Medizin. Mit der Einführung der RFID-Technologie wurde das Ziel verfolgt, Prozesse einfacher, transparenter und sicherer zu machen. Damit ist auch eine konsequente, lückenlose Dokumentation aller RFID-berührten Prozesse möglich.

Diese Vorteile lassen sich auch auf das Bauwesen übertragen; notwendig ist die Optimierung der Prozesse und der Prozessdokumentation. Gleichzeitig können so Bauprojekte sicherer und mit höherer Qualität ohne zusätzliche Kosten abgewickelt werden. Seit 2005 forschen die Mitarbeiter am Lehrstuhl für Bauverfahrenstechnik an der Technischen Universität Dresden zu den Anwendungsmöglichkeiten der RFID-Technologie im Bauwesen. Im Forschungsprojekt „Optimierungspotentiale im Lebenszyklus eines Bauwerks durch den Einsatz der Radio Frequency Identification Technologie – IntelliBau" wurde die Anwendbarkeit der RFID-Technologie unter den besonderen Bedingungen des Bauwesens untersucht. Das Forschungsprojekt lief von 2006 bis 2008 und wurde innerhalb der ARGE RFIDimBau im Rahmen der Forschungsinitiative ZukunftBAU durch das Bundesamt für Bauwesen und Raumordnung (BBR) aus Mitteln des Bundesministeriums für Verkehr, Bau und Stadtentwicklung (BMVBS) gefördert.[1]

Die Ergebnisse dieser Forschung sind in diesem Buch dargestellt. Es konnte nachgewiesen werden, dass die RFID-Technologie ohne größere Einschränkungen im Bauwesen einsetzbar ist. Die am Markt verfügbare Technik ist voll einsetzbar und durch leichte Modifikationen im Hinblick auf ihre Leistung sogar noch steigerungsfähig.

Darüber hinaus wurden mögliche Einsatzbereiche und ihre Nutzenpotenziale für den Bauablauf, aber auch Betrieb, Umnutzung, Sanierung bis hin zum Abbruch eines Gebäudes herausgearbeitet. Das in der Phase der Bauausführung installierte und angewandte RFID-System bringt einen hohen Nutzen über den gesamten Lebenszyklus des Gebäudes hinweg, beispielsweise durch eine vollständige Dokumentation der Bau- und Nutzungshistorie sowie die Optimierung von Geschäftsprozessen der am Bau Beteiligten. Dazu wurden technische und organisatorische Anforderungen formuliert, die es erlauben, den Einsatz der RFID-Technologie weiterzuentwickeln.

---

[1] Informationen zur ARGE RFIDimBau sind unter www.RFIDimBau.de zu finden.

Die in diesem Buch aufgezeigten Ergebnisse bilden eine wesentliche Grundlage dafür, die Vorteile der RFID-Technologie in das Bauwesen zu übertragen und dort zu etablieren. Die Lektüre soll Impulse geben, um das Bauen und den Betrieb der gebauten Umwelt einfacher, effizienter und sicherer zu gestalten.

Dresden, im Oktober 2010
Univ.-Prof. Dr.-Ing. Peter Jehle

# Inhaltsverzeichnis

GELEITWORT .................................................................................................. V
INHALTSVERZEICHNIS ............................................................................... VII
ABBILDUNGSVERZEICHNIS ........................................................................ XI
TABELLENVERZEICHNIS ........................................................................... XIII
1 AUFGABENSTELLUNG ........................................................................... 1
1.1 Abgrenzung und Schnittstellen zu den Forschungspartnern ...................... 2
1.2 Arbeitsprogramme ...................................................................................... 4
2 WISSENSCHAFTLICH TECHNISCHER STAND .................................... 5
2.1 Literaturrecherche ...................................................................................... 5
2.2 Patentrecherche .......................................................................................... 5
2.3 RFID-Technologie im Überblick ............................................................... 6
   2.3.1 Einführung ........................................................................................ 6
   2.3.2 RFID-Komponenten ......................................................................... 7
      2.3.2.1 Transponder .............................................................................. 8
      2.3.2.2 Reader ...................................................................................... 9
      2.3.2.3 Middleware und Backgroundsysteme ..................................... 10
   2.3.3 RFID-Technologie ......................................................................... 10
      2.3.3.1 Datenübertragung Sender – Empfänger und Betriebsart ........ 10
      2.3.3.2 Energieversorgung und Kopplung ......................................... 11
      2.3.3.3 Frequenzen, Sendeleistung und Lesereichweite ..................... 15
      2.3.3.4 Schutzart ................................................................................ 18
      2.3.3.5 Standards ................................................................................ 19
   2.3.4 Weitere Aspekte ............................................................................. 25
   2.3.5 Zusammenfassung .......................................................................... 26
2.4 Bisherige Einsatzgebiete und Nutzenpotenziale der RFID-Technologie ...... 28
3 NUTZUNGSPOTENZIAL DER RFID-TECHNOLOGIE IM LEBENSZYKLUS EINES BAUWERKES DURCH DIE ERZEUGUNG EINES INTELLIGENTEN BAUTEILS .................................................... 31
3.1 Nutzungspotenziale in der Planungsphase ............................................... 31
3.2 Nutzungspotenziale in der Bauphase ....................................................... 32
3.3 Nutzungspotenziale in der Nutzungsphase .............................................. 34
3.4 Nutzungspotenziale in der Phase des Abbruchs ...................................... 35
3.5 Zusammenfassung und neues Datenflussmodell ..................................... 36

**4 ANFORDERUNGEN AN DIE SPEICHERGRÖßEN UND SPEICHERSTRUKTUR** ............................................................................... 37

**4.1 Datenspeicher der aktuellen RFID-Transponder** ................................. 37

**4.2 Analyse der vorhandenen Prozessdaten am Beispiel des Stahlbetonbaus** ... 37

**4.3 Der Transponder als dezentrales Speichermedium** ............................. 40

    4.3.1 Speicherinhalt und Struktur ............................................................ 40

        4.3.1.1 Daten-ID ...................................................................................... 43

        4.3.1.2 Stammdaten ................................................................................ 43

        4.3.1.3 Herstellung ................................................................................. 45

        4.3.1.4 Umbau ........................................................................................ 46

        4.3.1.5 Instandhaltung ........................................................................... 46

    4.3.2 Anforderung an die Speichergröße .................................................. 47

    4.3.3 Sicherheit der Daten ......................................................................... 48

**5 PRAKTISCHER NACHWEIS AUSGEWÄHLTER RANDBEDINGUNGEN** ........................................................................ 49

**5.1 Versuchsplanung** ...................................................................................... 49

    5.1.1 Vorüberlegungen zum Einsatz der RFID-Transponder in Bauteilen .... 49

        5.1.1.1 Technik/Hardware ..................................................................... 49

        5.1.1.2 Anforderungen aus dem Einbau (Betonwand) .......................... 52

        5.1.1.3 Zusammenfassung der Vorüberlegung und Zusammenstellung der durchzuführenden Versuche ........................................................... 66

    5.1.2 Versuchsprogramm ........................................................................... 68

    5.1.3 Simulationsraum ................................................................................ 73

    5.1.4 Störfeldmessung ................................................................................ 74

    5.1.5 Voruntersuchung mit Stahl ................................................................ 74

    5.1.6 Ermittlung der Kopplungskurve ....................................................... 78

**5.2 Versuchsdurchführung** .............................................................................. 79

    5.2.1 Störfeldmessung ................................................................................ 79

    5.2.2 Voruntersuchung mit Stahl ................................................................ 80

    5.2.3 Ermittlung der Kopplungskurve ....................................................... 81

**5.3 Auswertung der Versuche** ......................................................................... 82

    5.3.1 Störfeldmessung ................................................................................ 82

    5.3.2 Voruntersuchung mit Stahl ................................................................ 85

## 5.3.3 Ermittlung der Kopplungskurve ............... 88
### 5.3.3.1 Sendeleistung ............... 88
### 5.3.3.2 Schreib- und Lesegeschwindigkeiten ............... 89
### 5.3.3.3 Aussagen zur genauen Positionierung der Transponder ............... 90
### 5.3.3.4 Einfluss von Strom, Geräten, Personen ............... 91
## 6 ZUSAMMENSTELLUNG DER ANFORDERUNGEN ............... 95
## 6.1 Hardware ............... 95
## 6.2 Anwendung ............... 96
## 7 AUSBLICK ............... 97
## LITERATURVERZEICHNIS ............... 99

# Abbildungsverzeichnis

Abbildung 1: Schnittstellen der ARGE RFID-Technologie im Bauwesen................... 3
Abbildung 2: Die wichtigsten Auto-ID-Systeme ......................................................... 6
Abbildung 3: Prinzipieller Aufbau eines RFID-Systems.............................................. 7
Abbildung 4: Möglicher Aufbau und Antennenausbildung von Transpondern .......... 8
Abbildung 5: Übergang vom Nah- zum Fernfeld bei 13,56 MHz............................... 12
Abbildung 6: Induktive Kopplung ................................................................................ 13
Abbildung 7: Elektromagnetische Kopplung............................................................... 14
Abbildung 8: Belegung von Frequenzbändern ........................................................... 16
Abbildung 9: Vergleich der Reichweite von Kopplungsarten..................................... 18
Abbildung 10: Frequenzen in den einzelnen Weltregionen........................................ 20
Abbildung 11: Klassischer Informationsverlauf im Bauwesen .................................. 31
Abbildung 12: Durchgängiger Datenfluss mit RFID.................................................. 36
Abbildung 13: Speichergrößen in Abhängigkeit der Standards................................ 37
Abbildung 14: Betonlieferschein ................................................................................. 38
Abbildung 15: Entwurf einer Hauptstruktur des RFID-Speichers am Beispiel
Stahlbeton.............................................................................................. 42
Abbildung 16: Kodierung der SGTIN-96 (EPC) ....................................................... 47
Abbildung 17: Darstellung der geeigneten und bevorzugten Einbaubereiche für
Transponder, unter Berücksichtigung der Installationszonen nach
DIN 18015-3 ......................................................................................... 62
Abbildung 20: Polarisation von Antennen.................................................................. 64
Abbildung 21: Skeye.integral 2 UHF von Höft & Wessel........................................... 65
Abbildung 22: UHF Workabout Pro von Psion Teklogix........................................... 65
Abbildung 23: Versuche V02, V03 und V04 mit Holz, Transponder an der
Schalungsrückseite................................................................................ 70
Abbildung 24: Versuche V05 und V06 mit Stahlbeton, Transponder hinter Beton
und vor Bewehrung................................................................................ 71
Abbildung 25: Versuche V07 und V08 mit Kalksandstein, Transponder von
Kalksandstein umgeben ......................................................................... 71
Abbildung 26: Versuche V09 und V10 mit Ziegel, Transponder von Ziegel umgeben 71
Abbildung 27: Versuche V11 und V12 mit Porenbeton, Transponder hinter
Porenbetonplatte.................................................................................... 72
Abbildung 28: Versuch V13 - Antikollision, 3 Transponder an der Rückseite der
Schalung befestigt.................................................................................. 72
Abbildung 29: Versuch V15 - Geräte in unmittelbarer Transponderumgebung .......... 72
Abbildung 30: Rahmenelement „Rasto", Fa. Hünnebeck........................................... 73
Abbildung 31: Skizze des Simulationsraums mit Versuchsanordnung zur Ermittlung
der Kopplungskurve ............................................................................... 74
Abbildung 32: Transponder in Seitenprofil versenkt.................................................. 75
Abbildung 33: Transponder an Kante des Seitenprofils befestigt ............................. 75
Abbildung 34: Positionen der Transponder an den Schalelementen ....................... 76
Abbildung 35: Gruppe aus 5 Schalelementen, stehend............................................... 76
Abbildung 36: Gruppe aus 5 Schalelementen, liegend............................................... 76

Abbildung 37: Achsen A bis E in Bezug zur Tafel ..................... 77
Abbildung 38: Hilfskonstruktion für die Antenne des stationären Readers ............ 77
Abbildung 39: Empfängerantenne im Inneren des Raumes ..................... 79
Abbildung 40: Simulationsraum Seite D, mit Elektroleitung ..................... 80
Abbildung 41: Simulationsraum Seite B, mit Wasserleitung ..................... 80
Abbildung 42: Versuchsaufbau ..................... 82
Abbildung 43: Feldverteilung bei der Messung an der Seite D ..................... 83
Abbildung 44: Feldverteilung bei der Messung an Seite C ..................... 83
Abbildung 45: Feldverteilung bei der Messung an der Ecke D/E ..................... 84
Abbildung 46: Feldverteilung bei der Messung mit Stromleitung ..................... 84
Abbildung 47: Feldverteilung bei der Messung mit Wasserleitung ..................... 85
Abbildung 48: Darstellung Versuch B.2-015, mobiler Reader Microplex mit Transponder von Deister, Transponder sitzt auf Vertiefung der Seitenprofilkante ..................... 86
Abbildung 49: Maximale Lesereichweiten für den Deister-Transponder bei verschiedenen Lesegeräten ..................... 86
Abbildung 50: Maximale Lesereichweiten für das Lesegerät von Microplex in Verbindung mit verschiedenen Transpondern ..................... 87
Abbildung 51: erzielte Maximale Lesereichweiten ..................... 89
Abbildung 52: V12 - horizontaler Schnitt der gemittelten Kopplungskurve, in Transponderhöhe ..................... 90
Abbildung 53: V14 – horizontaler Schnitt der gemittelten Kopplungskurve, in Transponderhöhe ..................... 92
Abbildung 54: V15 - horizontaler Schnitt der gemittelten Kopplungskurve, in Transponderhöhe ..................... 92
Abbildung 55: V04 – horizontaler Schnitt der gemittelten Kopplungskurve, in Transponderhöhe ..................... 93

# Tabellenverzeichnis

Tabelle 1: Bezeichnung, Wellenlänge und theoretische Reichweite verschiedener Frequenzen .................. 12
Tabelle 2: Schutz gegen Berührung .................. 18
Tabelle 3: Schutz gegen Wasser .................. 19
Tabelle 4: EPC-Klassen für das Air Interface-Protocoll (AIP), .................. 21
Tabelle 5: Überblick über die ISO/IEC Standards für Kontaktlose Chipkarten .................. 22
Tabelle 6: Überblick über die ISO-Standardisierungsfamilie .................. 23
Tabelle 7: Übersicht Frequenzen nach Schneider, J. 2005 .................. 27
Tabelle 8: Speicheraufteilung eines Transponders im Bauteil .................. 47
Tabelle 9: Übersicht über die Einflüsse der Randbedingungen .................. 67
Tabelle 10: Anforderungen an die Hardware .................. 95
Tabelle 11: Anforderungen an den Einbau .................. 96

# 1 Aufgabenstellung

Durch den Einsatz der RFID-Technologie (Radio-Frequency-IDentification-Technologie) werden die Prozesse der Lagerhaltung und der Warenwirtschaft sowie der industriellen Herstellung von Gütern seit mehreren Jahren optimiert, wobei die Steigerung der Wirtschaftlichkeit sowie die Steigerung des Qualitätsniveaus die Chancen der Unternehmen im globalisierten Markt deutlich verbesserten.

Im Bauwesen werden solche Systeme teilweise eingesetzt. Beispielsweise werden einige große Erdbaumaschinen mit dieser Technologie ausgestattet, um die technische Überwachung der Maschine zu vereinfachen, das Fehler- und Störungsmanagement auch online durchführen zu können und eine lückenlose Dokumentation des Lebenszyklus einer Maschine automatisch aufzuzeichnen. Die Nutzung zur Optimierung des Gesamtprozesses „Herstellung des Bauwerks" ist bis heute jedoch noch nicht untersucht worden.

Oft scheitern die Versuche, die RFID Transponder im Bauwesen einzusetzen, an den vorherrschenden Randbedingungen. So sind die Transponder beispielsweise in den meisten Fällen von Stoffen umgeben, welche die Signale dämpfen. Außerdem sind noch keine einheitlichen Standards für die Schnittstelle Transponder-Lesegerät vorhanden, so dass auf dem Markt erhältliche Systeme nicht untereinander austauschbar sind. Weiterhin sind die sehr hohen Entwicklungskosten für solche Insellösungen für ein einzelnes Unternehmen nicht beherrschbar.

Auch andere Systeme setzten sich auf der Baustelle bisher nicht durch. Die hohen mechanischen Beanspruchungen und Verschmutzungen sowie häufige Positionsänderungen sprechen beispielsweise gegen den Einsatz der Barcodes auf der Baustelle.

Erst durch die Entwicklung der RFID-Technologie in den letzten Jahren, vor allem mit Blick auf die Automobilindustrie und den Flugverkehr, ist die Umsetzung im Bauwesen mit Anforderungen wie z. B. großen mechanischen Belastungen, Verschmutzung oder etwa die Abschirmung durch Metall, in greifbare Nähe gerückt.

Das Institut für Baubetriebswesen der TU Dresden verfolgt das Ziel, durch eine Vielzahl intelligenter[2] Bauteile (zum Beispiel Stahlbetonwände, Fertigteile oder Mauerwerkswände), eine dezentrale Informationshaltung zu erreichen. Dazu ist ein Lösungsansatz zum Einsatz der RFID-Technologie im Bauwesen mit dem Ziel einer

---

[2] Der Begriff „Intelligenz" ist als ein Synonym zu verstehen. Unter Intelligenz versteht das „Lexikon - Informatik und Datenverarbeitung" (Schneider, H.-J. 1998. S. 431 f.) unter anderem die Fähigkeit der Menschen „Wissen zu erwerben, zu behalten und anzuwenden". Der Begriff wird aber auch im Wissenschaftsbereich der Künstlichen Intelligenz verwendet. Dabei geht es um die Simulation der menschlichen Intelligenz auf Computer oder um das Bauen von Computern, „die Aufgaben lösen, zu denen der Mensch Intelligenz benutzt" (Schneider, H.-J. 1998. S. 432). Die Untersuchungen haben gezeigt, dass der Einsatz von Speicher zur dezentralen Datenhaltung erst der Anfang der Entwicklung sein wird. Die Entwicklung im Bereich der Transponder geht zunehmend zu den so genannten Embedded Systems (eingebettete Systeme), bei denen Komponenten wie zum Beispiel kleine Computerchips, Sensoren, Speichereinheiten und Kommunikationseinheiten in einem System zusammengefasst werden. Diese kleine Module kommunizieren untereinander und können Prozesse eigenständig auslösen und Steuern. Das Bauteil wird intelligent.

ganzheitlichen Nutzungsweise erforderlich, in welchem der gesamte Lebenszyklus eines Bauwerkes berücksichtigt wird.

Ziel des Forschungsprojektes „IntelliBau" des Forschungsbereiches „RFID-Technologie im Bauwesen" ist es, für jede einzelne Lebenszyklusphase, wie Bauwerksplanung, Bauwerksherstellung, Betreiben und Unterhalten sowie Umnutzung, Modernisierung und Sanierung bis hin zum Abbruch den erwarteten Nutzen auszuarbeiten und zu formulieren. Weiterhin sollen Randbedingungen für den Einsatz dieser Technologie in Bauteilen sowie Anforderungen an die Hard- und Software festgelegt werden.

Die Untersuchungen zu Randbedingungen und Anforderungen sollen dabei schwerpunktmäßig in der Phase der Bauwerksherstellung durchgeführt werden, da zu erwarten ist, dass in dieser Phase die höchsten Anforderungen an das System zu stellen sind. Diese Phase unterscheidet sich durch eine große Komplexität und Einzigartigkeit deutlich von den anderen Lebenszyklusphasen. Außerdem erscheint das Optimierungspotenzial durch den Einsatz der RFID-Technologie hier am größten, da für viele der am Bau beteiligten Unternehmen durch die angestrebte dezentrale Datenhaltung ein direkter und indirekter Nutzen ermöglicht wird.

## 1.1 Abgrenzung und Schnittstellen zu den Forschungspartnern

Die Forschung zum Thema RFID-Technologie im Bauwesen wird in einer Forschungs-Arbeitsgemeinschaft mit den Partnern:

- Lehr- und Forschungsgebiet Baubetrieb und Bauwirtschaft der Bergischen Universität Wuppertal,
- Fraunhofer Institut für Bauphysik aus Stuttgart,
- Institut für Numerische Methoden und Informatik im Bauwesen der Technischen Universität Darmstadt

durchgeführt. Jeder der Partner untersucht unterschiedliche Einsatzschwerpunkte der Technologie im Bauwesen, welche in Abbildung 1 grafisch dargestellt sind.

Die Mitarbeiter der BU Wuppertal untersuchen den Einsatz der RFID-Technologie im Bereich der Bau- und Personallogistik, wobei die Entwicklung eines sogenannten „Bauservers" eingeschlossen ist. Die Forscher des Fraunhofer Institutes für Bauphysik erforschen den Einsatz von Sensoren bei Fassaden zur Qualitätsüberwachung und Kennzahlermittlung für die Bauphysik. Der Einsatz der RFID-Technologie bei Indoor-Leitsystemen ist der Schwerpunkt an der Technischen Universität Darmstadt.

Die RFID-Technologie zur Unterstützung und Optimierung verschiedener Geschäftsprozesse im Lebenszyklus eines Gebäudes (z. B. bei der Errichtung die Abnahmen oder Fertigstellungsmeldungen oder der Nutzungsphase zum Informationsmanagement, näher erläutert im Kapitel 3) durch die Kennzeichnung jedes einzelnen Bau-

## 1.1 Abgrenzung und Schnittstellen zu den Forschungspartnern

teils (z. B. Wand, Stütze, Decke) ist Forschungsschwerpunkt der Technischen Universität Dresden.

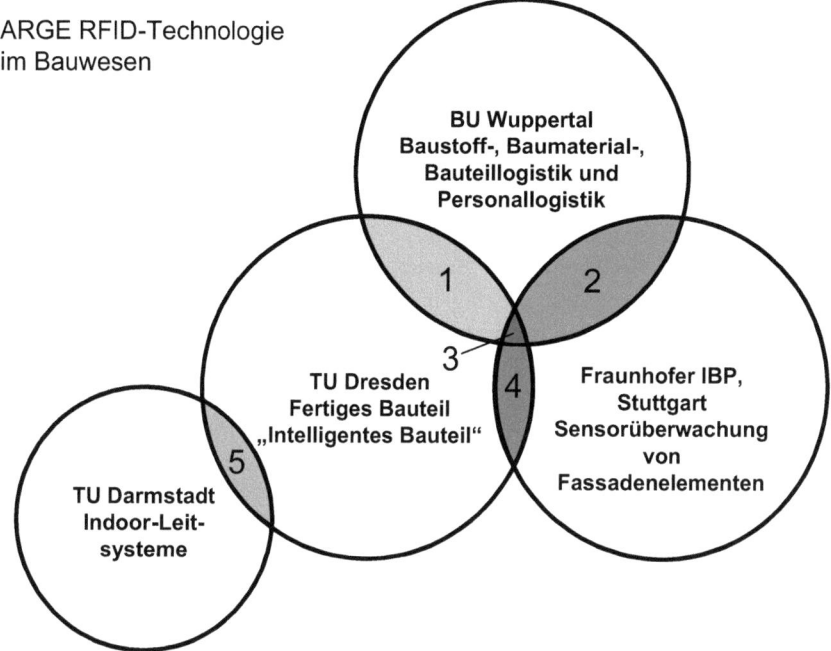

Abbildung 1: Schnittstellen der ARGE RFID-Technologie im Bauwesen

Die ARGE geht von einem ganzheitlichen System aus. Somit sind zwischen den einzelnen Forschungsschwerpunkten Überschneidungen bzw. Schnittstellen vorhanden. Die Überschneidungen Nummer 1, 3 und 4 (Abbildung 1) symbolisiert die Daten, die von den beiden anderen Kernbereichen in den Speicher der Bauteil-Transponder übergeben werden sollen. Dabei handelt es sich bei der Nummer 3 um die eindeutige Kennnummer der Materialien oder Bauelemente, bei der Nummer 1 um die Materialdaten und bei der Nummer 4 um die Qualitätsmerkmale und Qualitätsüberwachungen der Fassadenelemente.

Die Verbindung des Forschungsvorhabens „IntelliBau" zum Vorhaben „Indoor-Leitsysteme" (Schnittstelle Nummer 5) ist die Nutzung der eingebauten Transponder in den Bauteilen zur Positionsbestimmung und zum Informationsabruf im Falle einer Katastrophe, bei dem die Daten nicht mehr über einen zentralen Datenserver zur Verfügung stehen, sondern dezentral direkt am/im Bauteil vorgehalten werden müssen.

## 1.2 Arbeitsprogramme

Die Bearbeitung des Projektes „IntelliBau" erfolgt in fünf Arbeitspaketen:

**Arbeitspaket I: Stand der Technik und der Forschung mit Schwerpunkt „Intelligentes Bauteil"**

Zunächst war es notwendig, sich über den Stand der Forschung und Entwicklung bezüglich RFID im Bauwesen zu informieren. Dazu wurden Patentrecherchen und Recherchen zu aktuellen oder ausgeschriebenen / beantragten Forschungsvorhaben durchgeführt. Parallel dazu wurde die vorhandene Literatur in Zusammenarbeit mit dem Forschungspartner Fraunhofer hinsichtlich RFID im Allgemeinen und in der geplanten, speziellen Anwendung untersucht.

**Arbeitspaket II: Ausarbeiten des Nutzungspotenzials der RFID Technologie im Bauwesen mit Schwerpunkt „Intelligentes Bauteil"**

Nach Abschluss der Recherchen wurde das Projekt „IntelliBau" genauer abgegrenzt, speziell von den Einsatzbereichen in der Logistik, die zum Arbeitspaket der BU Wuppertal gehören (vgl. Kapitel 1.1). Nun konnten die Potenziale der „Intelligenten Bauteile" in allen Lebenszyklusphasen eines Bauwerks, und somit Nutzungsphasen der Technologie, betrachtet werden. Diese Potenziale wurden dann anhand verschiedener Beispiele erläutert.

**Arbeitspaket III: Anforderungen an Speichergrößen und Speicherstruktur**

Durch Analysen der Informationsflüsse in verschiedenen Bereichen der Fertigung (z. B. Mauerwerksbau, Betonbau) konnten Anforderungen an Speichergrößen und -strukturen des Systems formuliert werden.

**Arbeitspaket IV: praktische Nachweise**

Die Anforderungen aus den vorangegangenen Arbeitspaketen, besonders hinsichtlich der Anforderungen an die Transponder und deren Einbau, werden nun durch praktische Tests verifiziert.

**Arbeitspaket V: Ergebnisse**

Abschließend können die Ergebnisse ausgewertet und zusammengestellt werden.

Der vorliegende Bericht ist entsprechend dieser Arbeitspakete gegliedert.

## 2 Wissenschaftlich technischer Stand

### 2.1 Literaturrecherche

Um den aktuellen Stand der Technik zu bestimmen, wurden sämtliche Medien wie Internet, Zeitschriften und Literatur auf Informationen zu den folgenden Themen recherchiert:
- RFID,
- RFID im Bauwesen,
- RFID im Supply-Chain-Management,
- RFID im Fertigteilbau,
- Kommunikationsschnittstellen im Bauwesen,
- Informationsfluss auf der Baustelle,
- Schnittstellen im Bauwesen,
- Schnittstellen auf der Baustelle,
- Lean construction im Bauwesen,
- Mängelmanagement im Bauwesen,
- Qualitätsüberwachung im Bauwesen (auf Baustellen).

Die Recherche bestätigte, dass hinsichtlich möglicher Anwendungen im Bauwesen nur in den Bereichen der Logistik[3] und des Facility Managements[4] Veröffentlichungen vorhanden sind.

### 2.2 Patentrecherche

Um zu prüfen, ob möglicherweise bereits Patente oder Gebrauchsmuster vorliegen, wurde eine intensive Suche in den Datenbanken des Deutschen Patent- und Markenamtes durchgeführt. Dabei wurde sowohl in den IPC-Klassen als auch nach Begriffen wie
- RFID,
- RFID im Bauwesen,
- RFID und Schalung,
- RFID und Bauwesen,
- RFID und Sensoren (Feuchte, Druck)

gesucht. Die Suche erfolgte für die Bereiche EU, USA und Japan.

Zudem wurde eine Überwachung gestartet, um neu angemeldete Patente und Gebrauchsmuster umgehend feststellen zu können.

---

[3] vgl. Edward u. El-Misalami 2003. S. 680 - 688
[4] vgl. Melski 2006. S. 39

Die recherchierten Patente und Gebrauchsmuster betreffen im Allgemeinen die Anwendung der RFID-Technologie für logistische Zwecke, Lagerhaltung oder Produktionsabläufe; jedoch gibt es kein Patent oder Gebrauchsmuster über die Anwendung von RFID in Bauwerken oder Bauteilen. Die gestartete Überwachung wurde projektbegleitend fortgeführt, um im Folgeprojekt diesbezügliche Entwicklungen rechtzeitig zu bemerken.

## 2.3 RFID-Technologie im Überblick

In diesem Abschnitt sollen die einzelnen Komponenten der RFID-Technologie vorgestellt werden. Insbesondere wird aufgezeigt, worum es sich bei der RFID-Technologie handelt und welche Komponenten diese Systeme benötigen. Dazu werden die grundlegenden Eigenschaften kurz erläutert.

### 2.3.1 Einführung

Die RFID-Technologie ist eine spezielle Form der Autoidentifikationstechniken (Auto-ID). In Abbildung 2 sind die wichtigsten Auto-ID-Systeme dargestellt. Auf die einzelnen Funktionsweisen und Anwendungsgebiete soll hier nicht weiter eingegangen werden, da die anderen Verfahren für die Anwendung in Bauteilen nicht geeignet sind. Für eine vollständige Darstellung und einen Vergleich der Verfahren wird auf Finkenzeller[5] und Kern[6] verwiesen.

Die RFID-Technologie steht oft in Konkurrenz zum Barcodeverfahren. Der wichtigste Unterscheidungspunkt zwischen den Verfahren ist die Auslesbarkeit. Barcodes müssen mit einem Laserscanner erfasst werden, daher ist eine Sichtverbindung nötig. Durch die Verwendung von Funkwellen bei einem RFID-System kann dies umgangen werden.

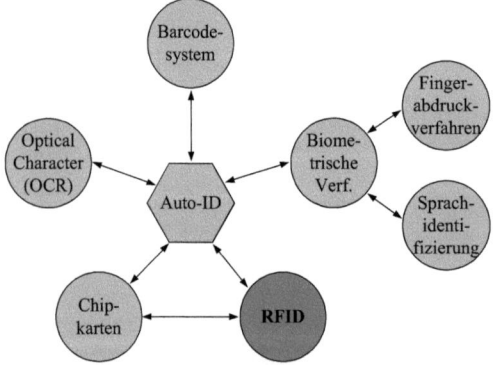

Abbildung 2: Die wichtigsten Auto-ID-Systeme

---

[5] vgl. Finkenzeller 2006. S. 2 ff.
[6] vgl. Kern 2007. S. 13 ff.

Die RFID-Technologie erlaubt in Teilbereichen der Auto-ID-Systeme eine Weiterentwicklung und Ausweitung des Funktionsumfanges. So könnte zum Beispiel das momentan genutzte Magnetchipkartensystem durch RFID optimiert werden, da die Übertragungsart mit Funkwellen weniger verschleißbehaftet ist, als das mechanische Auslesen des Magnetstreifens.

Allen Funkverbindungen ist der Vorzug gemein, dass das Auslesen oder Schreiben der Daten ohne direkte Sichtverbindung zwischen der Sendeeinheit und der Leseeinheit stattfinden kann.

### 2.3.2 RFID-Komponenten

Eine RFID-Anwendung besteht aus den Hauptkomponenten RFID-Transponder (auch „Tag" genannt), dem Lese / Schreibgerät (auch „Reader" genannt) mit Antenne sowie der Middleware (vgl. Abbildung 3). Applikationsserver ergänzen diese Konfiguration. Technisch gesehen werden die Komponenten (Lesegerät, Middleware und Applikationsserver) durch herkömmliche Schnittstellen (Netzwerkanschluss, USB oder serieller Anschluss) miteinander verbunden. Die Art der Schnittstelle ist herstellerabhängig und soll in diesem Zusammenhang nicht näher betrachtet werden. Lesegeräte und Transponder kommunizieren je nach System über verschiedene Kopplungselemente, wobei die Energieübertragung und Kopplung über die Luftschnittstelle erfolgt. Die Kommunikation zwischen Transponder und Lesegerät wird für verschiedene Frequenzen durch unterschiedliche Normen und Richtlinien geregelt.[7]

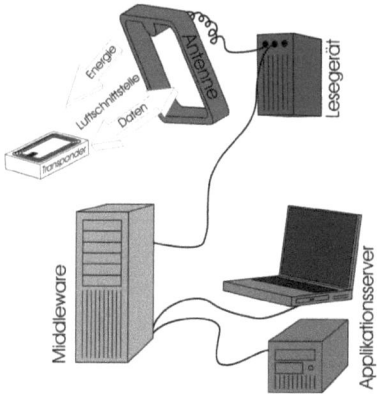

Abbildung 3: Prinzipieller Aufbau eines RFID-Systems

---

[7] vgl. Lampe et al. 2005. S. 14 ff.

### 2.3.2.1 Transponder

Transponder stellen eine Grundvoraussetzung von RFID-Anwendungen dar. Sie bestehen generell aus einem Chip[8] und einer Antenne (Vgl. dazu Abbildung 4). Dabei können je nach Bedarf unterschiedliche Kombinationen gewählt werden. Dies reicht beim Speicher von einer einfachen Diebstahlsicherung, die lediglich 1 Bit Speichergröße aufweist, bis hin zur komplexen dezentralen Datenverwaltung, die bei aktiven Systemen bis zu 256 kbit betragen kann.[9] Bei aktuellen Forschungsvorhaben in anderen Bereichen wie der Medizintechnik[10], werden heute bereits Transponder mit Speicheraufteilungen und Speichergrößen von bis zu 8 kByte als Programmspeicher (Flash[11]), 8 kByte als Datenspeicher (RAM[12]) und 512 Byte als Speicher (E²PROM[13]) erfolgreich als passive Systeme getestet.

Die Antenne wird aufgrund der festgesetzten Systemparameter (Frequenz, Anwendung) gewählt. Je nach verwendeter Frequenz werden dabei unterschiedliche Arten von Antennen eingesetzt, die beispielhaft in Abbildung 4 dargestellt sind.

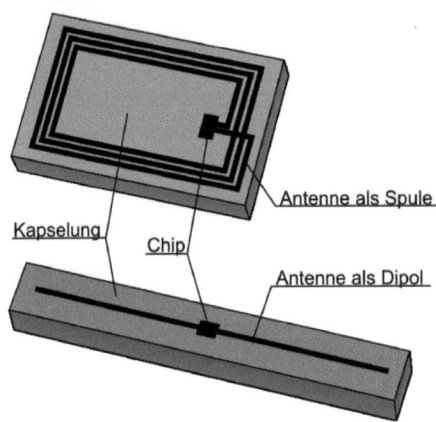

Abbildung 4: Möglicher Aufbau und Antennenausbildung von Transpondern

Die Transponder können in den verschiedensten Bauformen auftreten. Typisch sind dabei: Disks und Münzen, Glasgehäuse, Plastikgehäuse, Schlüssel und Schlüsselan-

---

[8] Chip steht hier für alle elektrotechnischen Elemente, die zum Betrieb nötig sind oder für die Anwendung verwendet werden. Dies kann z. B. ein Speicher oder ein Prozessor sein.
[9] vgl. Schneider, J. 2005. Folie 12
[10] vgl. Fischer, W.-J. 2007. Folie 15
[11] Flash-Speicher, auch Flash-EEPROM genannt sind digitale, nichtlöschbare Speicherchips
[12] RAM-Speicher, steht für Random Access Memory, also ein Speicher mit „wahlfreiem Zugriff". Jede kleinste Speicherzelle ist adressiert und kann somit direkt beschrieben und ausgelesen werden.
[13] E²PROM, auch EEPROM, steht für **E**lectrically **E**rasable **P**rogrammable **R**ead-**O**nly **M**emory (elektrisch löschbarer, programmierbarer Nur-Lese-Speicher)

hänger, Uhren, Chipkarten, Coil-on-Chips oder Smart Label.[14] Neben den genannten Formen können die Transponder auch in jede andere gewünschte Form gebracht und damit für ihren Anwendungszweck angepasst werden.

Der Speicher auf den Chips kann verschiedene Spezifikationen aufweisen. Es können Speichermodule verwendet werden, die von vornherein nur während der Produktion eine definierte Datenmenge erhalten, zum Beispiel eine eindeutige Identifikationsnummer, und dann nur noch ausgelesen werden können. Tags dieser Art werden als Read-Only-Tags bezeichnet. Werden die Daten erst im Laufe der Anwendung auf den Chip geschrieben, so sind Tags nötig, die einen Schreibzugriff zulassen. Dabei ist zu unterscheiden, ob dieser Schreibvorgang einmalig oder wiederholt stattfindet. Werden die Daten einmalig geschrieben, so spricht man im Englischen von Write Once Read Many, kurz WORM-Tags. Wird der Tag zum Beispiel nach dem Ende eines Produktionsvorgangs wiederverwendet und bei einem weiteren Produkt eingesetzt, so müssen die alten Informationen überschrieben werden. Diese Tags werden im Allgemeinen als Write/Read-Tags bezeichnet.[15]

Auf Ergänzungen zu Chips, wie zum Beispiel eine Schnittstelle zu verschiedenen Sensoren, soll hier nicht weiter eingegangen werden. Dazu sind bei den Herstellern die jeweils möglichen Kombinationen zu erfragen.

**2.3.2.2 Reader**

Neben den Transpondern sind entsprechende Lesegeräte notwendig. Das Lesegerät stellt bei einer zentralen Datenverwaltung die Schnittstelle zwischen den auf dem Chip gespeicherten Informationen und der unternehmenseigenen Datenhaltung her. Werden die Daten dezentral auf dem Chip selbst verwaltet, so lesen die Reader die Informationen direkt aus, ohne einen Anschluss an ein Hintergrundsystem haben zu müssen. Dies wird zum Beispiel in der dezentralen Produktionssteuerung bei BMW im Werk I in München verwendet.[16]

Die Bezeichnung Reader impliziert, dass das Gerät lediglich zum Auslesen von Daten verwendet werden kann. Dies ist jedoch in der Regel nicht der Fall: Die meisten Geräte unterstützen die Datenübertragung sowohl in Lese- als auch in Schreibrichtung. Ob diese Technik angewendet wird, hängt maßgeblich von der Anwendung und den verwendeten Transpondern ab.

Reader können in den unterschiedlichsten Bauformen verwendet werden. Das Kopplungselement muss dabei nicht zwingend räumlich mit dem Reader zusammenfallen, ein Beispiel dafür sind die Durchgangsantennen eines Diebstahlsicherungssystems. Hier können mehrere Antennen von einem Reader angesteuert werden. Ob eine oder

---

[14] vgl. Kern 2007. S. 69 ff.
[15] vgl. VDI 4472 Blatt 1/Part 1 : 2006-04. S. 8 f.
[16] vgl. BITKOM [Hrsg.] 2005. S. 42 f.

mehrere Antennen von einem Reader verwendet werden, hängt vom Einsatzzweck ab. Je mehr Antennen verwendetet werden, desto komplexer wird der Steuerungsbedarf im Reader, damit die Transponder nicht mehrfach erkannt werden. Außerdem gibt es neben komplexen Systemen verschiedene Arten von Einzelantennen, die für die speziellen Einsatzformen jeweils an den optimalen Standorten platziert werden können. Neben stationären Geräten gibt es auch zunehmend tragbare Versionen. Diese können als eigenständige Handheld-Lösung oder aber als Aufsatz zum Beispiel für einen PDA verwendet werden.[17]

### 2.3.2.3 Middleware und Backgroundsysteme

Als Backgroundsysteme werden solche Anwendungen bezeichnet, die für die Datenhaltung und -verarbeitung zuständig sind. Dabei wird es sich in den meisten Fällen um schon im Unternehmen vorhandene Software handeln, in der auch bereits die Stammdaten des Unternehmens abgelegt sind.

Um die Datenströme, die eine implementierte RFID-Lösung liefert, verarbeiten zu können, müssen diese noch für das Backgroundsystem aufbereitet werden. Die dazu benutzten Komponenten bezeichnet man als Middleware.[18] Sie wird im Normalfall vom Systemanbieter mitgeliefert oder der bestehenden Softwarelösung des Unternehmens angepasst. Die Middleware stellt sicher, dass die gewonnenen Daten an der richtigen Stelle ankommen und entsprechend weiterverarbeitet werden können. Ohne eine angepasste Middleware kann das System die gewonnenen Daten nicht zweckmäßig und effizient auswerten. Da sich aus der Verwendung der RFID-Technologie im Bauteil für die Middleware allerdings keine besonderen Anforderungen ergeben, wird hier nicht näher auf diese Systeme eingegangen.

### 2.3.3 RFID-Technologie

Eine generelle Unterscheidung von RFID-Systemen kann in Abhängigkeit der Reichweite vorgenommen werden. Man unterscheidet in Abhängigkeit von der Frequenz zwischen Nah- und Fernfeld. Für das Nahfeld ist die induktive Kopplung zu untersuchen, während im Fernfeld die Kopplung über elektromagnetische Wellen betrachtet werden muss.

#### 2.3.3.1 Datenübertragung Sender – Empfänger und Betriebsart

*2.3.3.1.1 Datenübertragung Nahfeld*

Die Kommunikation zwischen Transpondern und Lesegeräten bei Anwendungen im Nahfeld wird über eine Lastmodulation hergestellt. Die zu übertragenden Daten werden in ein digitales Signal umgewandelt, mit dessen Hilfe ein Lastwiderstand ein- und

---

[17] vgl. Kern 2007. S. 82 ff.
[18] vgl. Ostler 2004

ausgeschaltet wird. Die daraus resultierenden Änderungen in der Gegeninduktivität können vom Reader registriert und durch Demodulationsverfahren in die ursprünglichen Daten überführt werden.[19]

Die Lastmodulation kann dabei abhängig von der Bauart der Transponder in verschieden Varianten ausgeführt werden. Zur technischen Umsetzung der ohmschen oder kapazitiven Lastmodulation sei hier auf die Literatur verwiesen.[20] Dort wird ebenfalls die Übertragung auf Seitenbändern und die Demodulation im Lesegerät behandelt.

*2.3.3.1.2 Datenübertragung Fernfeld*

Die Datenübertragung wird im Fernfeld über das so genannte Backscatter-Verfahren, eine Rückspiegelung und Modulierung der ausgesendeten Welle, vorgenommen. Ähnlich wie bei der Übertragung im Nahfeld werden die zu übertragenden Daten zur Änderung des Rückstreuquerschnitts des Transponders verwendet. Diese Änderung beeinflusst direkt die reflektierte Leistung, was wiederum vom Reader registriert und interpretiert werden kann.

*2.3.3.1.3 Betriebsart – zeitliche Unterscheidung*

Bei der Datenübertragung unterscheidet man grundsätzlich zwei verschiedene Arten: Duplex- oder sequentielles Verfahren (SEQ). Der Unterschied zwischen den beiden Verfahren liegt darin, dass die Energieübertragung durchgängig (Duplex) oder unterbrochen (SEQ) stattfindet. Beim Duplexverfahren wird weiterhin anhand der Datenübertragung zwischen Vollduplex (FDX) und Halbduplex (HDX) unterschieden. Während im Vollduplexbetrieb Reader- und Transpondersignal gleichzeitig übertragen werden, werden sie beim Halbduplexbetrieb zeitlich getrennt übermittelt.[21]

### 2.3.3.2 Energieversorgung und Kopplung

Bei induktiven Systemen wird die Energie durch das elektromagnetische Nahfeld übertragen. Die Reichweite des Nahfeldes hängt von der Frequenz und damit von der Wellenlänge ab. Für kleine Wellenlängen und damit hohe Frequenzen nimmt die theoretische Reichweite deutlich ab (siehe Tabelle 1). Daher wird die induktive Energieversorgung nur bei LF- und HF-Anwendungen[22] verwendet. Die Energieversorgung und Kopplung bei UHF- und SHF-Systemen wird über die Strahlung eines elektromagnetischen Feldes realisiert. Der Übergang vom Nah- zum Fernfeld der magnetischen Feldstärke für ein 13,56 MHz-System ist in Abbildung 5 dargestellt.

---

[19] vgl. Lampe et al. 2005. S. 7
[20] vgl. Finkenzeller 2006. S. 103 ff.
[21] vgl. Finkenzeller 2006. S. 42 ff.
[22] Nähere Erläuterungen zu den Frequenzen sind in Tabelle 1 aufgeführt.

| Frequenz | Bezeichnung | Wellenlänge λ | Reichweite $r_F = \lambda/2\pi$ |
|---|---|---|---|
| < 135 kHz | Low Frequency (LF) | < 2222 m | < 353 m |
| 13,56 MHz | High Frequency (HF) | 22,1 m | 3,5 m |
| 27,125 MHz | High Frequency (HF) | 11,0 m | 1,7 m |
| 868/915 MHz | Ultra High Frequency (UHF) | 0,345 m | 0,055 m |
| 2,45 GHz | Short High Frequency (SHF) | 0,122 m | 0,019 m |

Tabelle 1: Bezeichnung, Wellenlänge und theoretische Reichweite verschiedener Frequenzen

In Tabelle 1 werden nur Frequenzbereiche aufgelistet, auf denen eine Anwendung von RFID-Applikationen gestattet ist. Weitere Informationen bezüglich der verschiedenen Frequenzbänder sind den Normungen zu entnehmen.[23]

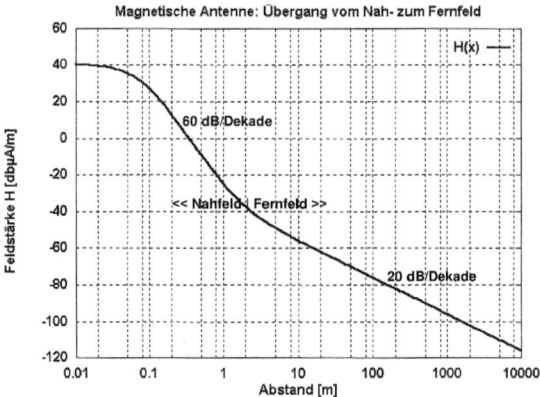

Abbildung 5: Übergang vom Nah- zum Fernfeld bei 13,56 MHz[24]

Bei der Abstrahlung des elektromagnetischen Fernfeldes ist zu beachten, dass verschiedene Antennenarten zum Einsatz kommen können. Würde ein idealer Kugelstrahler (Isotropenstrahler) verwendet, so würde sich das Feld sphärisch um die Antenne herum ausbilden. Die Sendeleistung wird für einen idealen Strahler mit EIRP (Equivalent Isotropically Radiated Power) gekennzeichnet. Der ideale Strahler ist in der Realität nicht existent, er dient nur als Bezugsgröße für reale Antennen.[25]

---

[23] Frequenznutzungspläne und Reglementierungen: BNetzA 2006.
[24] Bildquelle: Finkenzeller 2002. S. 122.
[25] vgl. Gysel 2003. S. 5.

Alternativ dazu kann eine gerichtete Aussendung erfolgen. Die Sendeleistung wird dann auf eine Dipolantenne bezogen und in Watt ERP (Equivalent Radiated Power) angegeben. Bei gerichteten Antennen muss eine geringere Leistung als bei Isotropenstrahlern aufgewendet werden, um die gleiche Strahlungsleistung in einem bestimmten Abstand zu erreichen. Man spricht von einem Antennengewinn G. Dieser ist bei einer Dipolantenne gegenüber dem Kugelstrahler G = 1,64.[26]

Unterscheidet man die RFID-Systeme anhand der Energieversorgung von Chip, Datenübertragung und Speicher, so sind sie in drei Kategorien einzuteilen: passive, semiaktive und aktive Systeme. Diese drei Systeme verwenden neben verschiedenen Energieversorgungsarten auch unterschiedliche Arten der Kommunikation zwischen Lesegerät und Transponder.

*2.3.3.2.1 Passive Transponder*

Passive Systeme beziehen die gesamte Energie aus dem Feld, das das Lesegerät erzeugt. Dies geschieht bei niederfrequenten Systemen im Nahfeld des Senders, so dass die Energieübertragung durch Induktion gesichert wird. Daher können mit der zugelassenen Sendeleistung theoretisch Reichweiten bis zu 1,7 m bei 27,125 MHz und 3,5 m bei 13,56 MHz erreicht werden. Die hier genannten Reichweitenangaben beziehen sich sinnvollerweise nicht auf die theoretisch möglichen, sondern auf die praktisch erzielbaren Reichweiten (Vergleiche Tabelle 7 auf Seite 27). Da die Energieübertragung per Induktion erfolgt, ist als Kopplungselement auf Lesegerät- und Transponderseite jeweils eine Spule nötig.[27] Je nach Aufbau der Spulen können sich unterschiedliche Reichweiten ergeben, der prinzipielle Aufbau ist Abbildung 6 zu entnehmen.

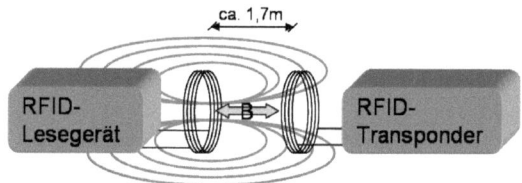

Abbildung 6: Induktive Kopplung

Werden passive Systeme mit höheren Frequenzen verwendet, wird die Energie durch die elektromagnetischen Wellen übertragen, das heißt, dass die Beschränkung auf das Nahfeld des Senders entfällt. Im Frequenzbereich 868 MHz können in Europa Lesereichweiten von ca. 5 m [28] realisiert werden.[29] Die Reichweitenangaben bei elektro-

---

[26] vgl. Finkenzeller 2006. S. 129
[27] Für die Induktion spielt nur das magnetische Feld eine Rolle.
[28] vgl. Gruber 2005. S. 40-41
[29] In der Literatur finden sich Reichweitenangaben im Bereich zwischen 5 und 7 m (Lampe et al. 2005 S. 8), diese beziehen sich jedoch auf eine maximale Sendeleistung von 4 W ERP, die nur in den USA zugelassen ist.

magnetischen Systemen sind lediglich als Größenordnung anzusehen, da die tatsächlich erzielbare Reichweite neben der Sendeleistung auch von der Leistungsaufnahme und dem Widerstand des Transponders abhängt. Um die Energieübertragung im Fernfeld zu realisieren, muss auf beiden Seiten eine Dipolantenne vorhanden sein. Der prinzipielle Aufbau eines Systems mit Kopplung durch elektromagnetische Wellen ist Abbildung 7 zu entnehmen.

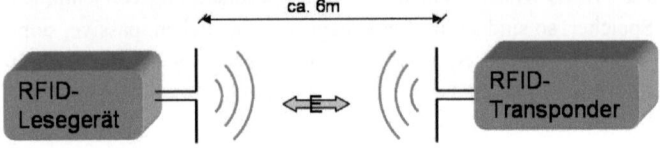

Abbildung 7: Elektromagnetische Kopplung

*2.3.3.2.2 Semi-aktive Transponder*

Diese Art der Transponder ist eine Kombination aus passivem und aktivem Transponder. Die Herstellung der Kommunikation erfolgt wie bei passiven Systemen, während die Energieversorgung des Transponders wie bei aktiven Systemen von einer integrierten Stützbatterie übernommen wird.

Ein Vorteil der semi-aktiven Transponder ist der niedrigere Fremdenergiebedarf. Bei induktiv gekoppelten Systemen muss die Energie nicht mehr dem Feld des Readers entnommen werden. Die benötigte Feldstärke wird dadurch deutlich geringer, da nur noch die Deckung des Energiebedarfs der Kommunikation aus der Fremdenergie erfolgt. Das gleiche gilt für elektromagnetisch gekoppelte Systeme. Hier muss lediglich ein ausreichend starkes Signal vom Transponder registriert werden, damit die Datenübertragung initiiert wird. Die Kommunikation erfolgt mit dem Backscatter-Verfahren (vergleiche Kapitel 0.)

Technisch gesehen können bei semi-aktiven Systemen beide Arten der Kopplung verwendet werden. In der Überwachung einer Kühlkette wird beispielsweise mit einer induktiven Kopplung auf einer Frequenz von 13,56 MHz gearbeitet.[30]

*2.3.3.2.3 Aktive Transponder*

Aktive Transponder verfügen über eine eigene Stromquelle. Durch die Batterie wird der gesamte Strombedarf des Chips, der Sensoren und der Sendeeinheit gedeckt. Anders als bei semi-aktiven Transpondern muss allerdings nicht zwingend das Backscatter-Verfahren verwendet werden, um die Datenübertragung zu gewährleisten. Aktive Tags können eigene elektromagnetische Wellen erzeugen. Dadurch vergrößert sich die Lesereichweite, da der Transponder nun lediglich die minimale Ansprechfeld-

---

[30] vgl. Schreiner LogiData [Hrsg.] 2006

stärke benötigt, die ihn veranlasst, seine Daten auszusenden. Da das Feld nicht mehr moduliert und zurückgespiegelt werden muss, reicht für diesen Zweck eine deutlich geringere Feldstärke aus. Standardmäßig befinden sich die Transponder im so genannten „Sleepmodus", d. h. es werden keine Daten gesendet und der Chip ist im „standby". Erst bei der Aktivierung durch ein Lesegerät wird die Stromversorgung und Datenübertragung des Transponders gestartet.

*2.3.3.2.4 Lebensdauer der Transponder*

Aktive und semi-aktive Transponder haben eine geringere Lebensdauer als passive Systeme. Dies ist durch den Stromverbrauch und damit der Lebensdauer der Batterien zu erklären. Während die Lebensdauer passiver Systeme lediglich von der Anzahl der Lese- und Schreibvorgänge bzw. der Lebensdauer und Datensicherheit des Chips abhängt, sind aktive Tags auf die Batterie angewiesen. Die Dauer, in der eine Batterie die Energie zur Verfügung stellen kann, wird in Datenblättern mit über 6 Jahren angegeben.[31]

### 2.3.3.3 Frequenzen, Sendeleistung und Lesereichweite

*2.3.3.3.1 Frequenzbänder*

Die Frequenzen für RFID-Anwendungen sind teilweise in den lizenzfreien ISM-Bändern[32] angesiedelt.[33] Neben diesen freien Bändern gibt es weitere, lizenzpflichtige Bereiche. Im Folgenden werden die aktuell für RFID-Anwendungen genutzten Frequenzbereiche aufgezählt. Diese Aufzählung ist nicht vollständig und kann jederzeit durch weitere Frequenzbänder und neue Anwendungen ergänzt werden. In Abbildung 8 sind die für RFID genutzten Frequenzbänder hervorgehoben. Aus der Wahl des Frequenzbereiches ergeben sich Randbedingungen (z. B. Lesereichweite, Art und Größe des Transponders, Sendeleistung), die für jede neue Projektierung beachtet werden müssen. Diese Randbedingungen werden im Kapitel 5.1.1.2 genauer betrachtet.

Die verschiedenen Frequenzbereiche weisen – was für das Bauwesen wichtig ist – unterschiedliche Eigenschaften in Bezug auf das Verhalten bei Flüssigkeiten und Stahl auf. In Abhängigkeit von den gewünschten Funktionalitäten und den gegebenen Rahmenbedingungen ist die Auswahl der nutzbaren Frequenzen also beschränkt. In Tabelle 7 am Ende des Kapitels werden verschiedene Einflüsse bei unterschiedlichen Frequenzen verglichen.

---

[31] vgl. IDENTEC SOLUTIONS AG [Hrsg.] 2005. S. 1
[32] Diese Frequenzen können bei Einhaltung der vorgegebenen Parameter lizenzfrei genutzt werden. Dies gilt für Anwendungen im Bereich der Industrie, der Wissenschaft und der Medizin. Ein Nachteil ist, dass diese Anwendungen sich gegenseitig behindern können, da keine Reglementierung erfolgt.
[33] vgl. Lampe et al. 2005. S. 5

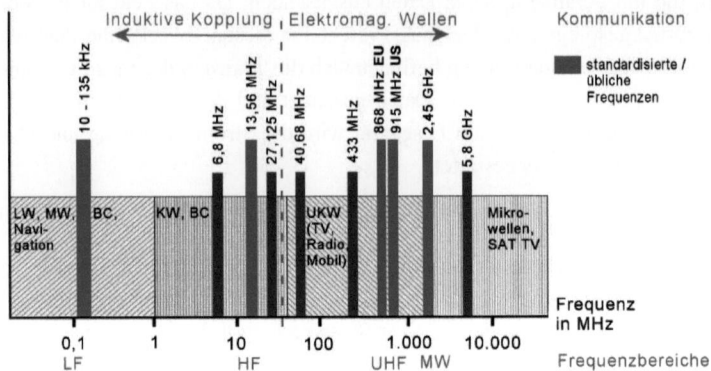

Abbildung 8: Belegung von Frequenzbändern[34]

### 2.3.3.3.2 Reglementierung der Frequenzen und Sendeleistungen

Funkanwendungen sind unter anderem aufgrund des Einflusses auf Personen in der Sendeleistung beschränkt. Die Genehmigung einzelner Anwendungen auf den Frequenzen und die Regulierung der Sendeleistungen werden in jedem Land separat erteilt. Damit soll sichergestellt werden, dass eine effiziente und störungsfreie Nutzung der Frequenzen möglich ist. In Deutschland übernimmt die Bundesnetzagentur für Elektrizität, Gas, Telekommunikation, Post und Eisenbahnen (BNetzA) diese Regulierung. Sie gibt einen Frequenznutzungsplan auf Basis der geltenden nationalen und internationalen gesetzlichen Regelungen heraus (BNetzA 2006). Für die RFID-Anwendungen haben neben anderen folgende Frequenznutzungsteilpläne (FreqNTP) Gültigkeit:

- 109-003 (13410-13570 kHz, Allgemeine Funkanwendungen geringer Reichweite, 42 dB (µA/m) in 10 m Entfernung)
- 196-001 (150,05-156,7625 MHz, Radiomarkierung von Tieren)
- 226-005 (862-890 MHz, Übertragung von Daten zur Identifizierung, 2 W ERP)
- 276-011 (2400-2450 MHz, Übertragung von Daten zur Identifizierung, 4 W EIRP)
- 277-001 (2450-2483,5 MHz, Übertragung von Daten zur Identifizierung, 4 W EIRP).

In diesen FreqNTP sind weitere Beschränkungen, insbesondere für die Sendeleistung, ausgewiesen. Daher sollte bei einer Verwendung von RFID-Systemen im Vorfeld eine Klärung stattfinden.

---

[34] vgl. Overmeyer u. Vogeler 2005. S. 3

Die Regelung der ISM-Bänder und induktiver Funkanwendungen werden ebenfalls von der Bundesnetzagentur übernommen.[35] Dies betrifft insbesondere die RFID-Anwendungen im LF- und HF-Bereich.

*2.3.3.3.3 Lesereichweite*

Die Lesereichweite stimmt nicht mit der physikalisch möglichen Reichweite zur Kopplung überein: In der Regel ist sie deutlich geringer. Die Auslesereichweite ist bei den unterschiedlichen Frequenzen verschieden, so dass sie ebenfalls ein wichtiges Auswahlkriterium darstellt. Eine Aufstellung typischer Lesereichweiten der Frequenzbereiche ist Tabelle 7 zu entnehmen.

Eine Unterscheidung von RFID-Systemen kann an verschiedenen Merkmalen vorgenommen werden. Für die Klassifizierung nach Reichweite ergeben sich drei Einteilungen. Anwendungen mit einer Lesereichweite von ca. 1 cm werden als Close-Coupling-Systeme bezeichnet. Beträgt die Reichweite bis zu 1 m, wird im Allgemeinen von einem Remote-Coupling-System gesprochen. Alle Systeme mit einer Reichweite deutlich über 1 m werden als Long-Range-Systeme bezeichnet.[36]

Sind lediglich kurze Auslesedistanzen, zum Beispiel bei zu protokollierenden Wartungsarbeiten, gewünscht, ist die Anwendung von passiven LF-Tags zu empfehlen. Soll jedoch in der Warenwirtschaft eine Optimierung der Lagerhaltung erfolgen, sind größere Auslesedistanzen unerlässlich. Daher sind hier vorwiegend Systeme anzutreffen, die auf HF- oder UHF-Basis funktionieren.

Da passive Transponder über die Lesedistanz mit Energie versorgt werden müssen, hängt die maximale Reichweite ebenfalls von der verwendeten Sendeleistung ab. Diese ist für 868 MHz-Systeme in Europa auf 2 W ERP beschränkt (Stand Mai 2006), während in den USA mit einer Leistung von 4 W gesendet werden kann. Aus diesem Grund sind in den USA deutlich größere Lesereichweiten zu erzielen.

Eine vergleichende Darstellung der Reichweite von induktiv und elektromagnetisch gekoppelten Systemen ist Abbildung 9 zu entnehmen. Die Abstandsangaben haben dabei keine Allgemeingültigkeit, es handelt sich um eine Prinzipdarstellung, um die Unterschiede zu verdeutlichen.

---

[35] vgl. BNetzA 2006. Induktive Funkanwendungen S. 616, ISM-Anwendungen S. 618-620
[36] weitere Klassifizierungsmöglichkeiten in: Finkenzeller 2006; BSI [Hrsg.] 2004.

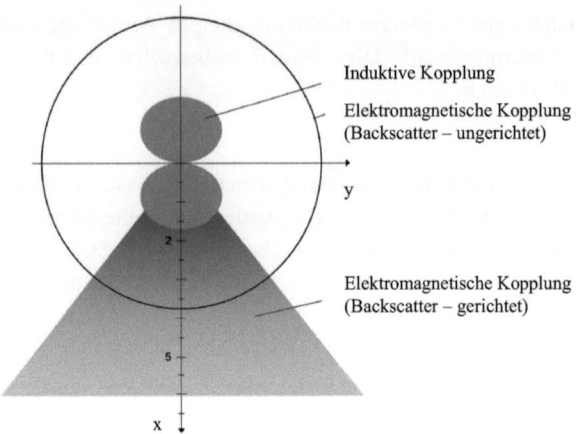

Abbildung 9: Vergleich der Reichweite von Kopplungsarten[37]

### 2.3.3.4 Schutzart

Die Komponenten müssen verschiedenen Schutzarten genügen. Diese sind in Tabelle 2 und Tabelle 3 zusammengefasst dargestellt. Dabei wird in den Schutz gegen Berührung sowie gegen Fremdkörper und in den Schutz gegen Wasser unterschieden[38].

Die IP-Schutzart wird angegeben als „IP xy", wobei „x" und „y" aus den genannten Tabellen gewählt werden.

| x | Schutz gegen Berührung | Schutz gegen Fremdkörper |
|---|---|---|
| 0 | kein Schutz | kein Schutz |
| 1 | Schutz gegen großflächige Körperteile, Durchmesser 50 mm | große Fremdkörper (Durchmesser ab 50 mm) |
| 2 | Fingerschutz (Durchmesser 12 mm) | mittelgroße Fremdkörper (Durchmesser ab 12,5 mm, Länge bis 80 mm) |
| 3 | Werkzeuge und Drähte (Durchmesser ab 2,5 mm) | kleine Fremdkörper (Durchmesser ab 2,5 mm) |
| 4 | Werkzeuge und Drähte (Durchmesser ab 1 mm) | kornförmige Fremdkörper (Durchmesser ab 1 mm) |
| 5 | vollständiger Berührungsschutz | Staubablagerung |
| 6 | vollständiger Berührungsschutz | Staubeintritt |

Tabelle 2: Schutz gegen Berührung

---

[37] vgl. Finkenzeller 2006. S. 29
[38] vgl. DIN EN 60529 „Schutzarten durch Gehäuse (IP-Code)"

| y | Schutz gegen Wasser |
|---|---|
| 0 | kein Schutz |
| 1 | Schutz gegen senkrecht fallendes Tropfwasser |
| 2 | Schutz gegen schräg fallendes Tropfwasser (bis 15°) |
| 3 | Schutz gegen Sprühwasser bis 60° gegen die Senkrechte |
| 4 | Schutz gegen allseitiges Sprühwasser |
| 4k | Schutz gegen allseitiges Sprühwasser unter erhöhtem Druck, gilt nur für Straßenfahrzeuge |
| 5 | Schutz gegen Strahlwasser |
| 6 | Schutz gegen starkes Strahlwasser (Überflutung) |
| 6k | Schutz gegen starkes Strahlwasser unter erhöhtem Druck (Überflutung), gilt nur für Straßenfahrzeuge |
| 7 | Schutz gegen zeitweiliges Untertauchen |
| 8 | Schutz gegen dauerndes Untertauchen |
| 9k | Schutz gegen Wasser bei Hochdruck-/Dampfstrahlreinigung, gilt nur für Straßenfahrzeuge |

Tabelle 3: Schutz gegen Wasser

**2.3.3.5 Standards**

Im folgenden Abschnitt werden nun einige internationale Standards und Normungen erläutert. Die Standards beschreiben dabei Frequenzbereiche, Schnittstellen, Geschwindigkeiten, Kodierungen, Antikollisionsverhalten und anderes mehr.

Da die RFID-Technologie im Wesentlichen in der Logistikbranche eingesetzt wird, sind hier die meisten Standards entwickelt worden.[39]

*2.3.3.5.1 EPC- und ISO-Standards als Grundlage für den globalen Handel*

Der EPC-Standard wird branchenübergreifend eingesetzt. Verschiedene Anwendergruppen tragen dabei die Branchenbedürfnisse zusammen und arbeiten sie in den Standard ein. Derzeit beschäftigen sich folgende Arbeitskreise im Rahmen des GS1/EPCglobal mit der Standardisierung[40]:

- Fast Moving Consumer Goods (FMCG)
- Gesundheitswesen/Pharma
- Transport/Logistik

Aktuell existieren die Standards EPCglobal und ISO (International Standards Organisation) nebeneinander. Eine Spezifikation für die Generation 2 (Gen 2) von UHF-Transpondern wurde bei der ISO eingereicht.

---

[39] Weitere und genauere Angaben zu allen Punkten dieses Abschnittes sind nachzulesen im Finkenzeller 2006. S. 259 ff oder Gillert u. Hansen 2007. S. 92 ff

[40] vgl. Gillert u. Hansen 2007. S.96

Die Regelung durch Standards wie EPCglobal oder ISO sind notwendig, um eine gewisse Einheitlichkeit zu erreichen. Nur so kann sichergestellt werden, dass die Technologie länder- und branchenübergreifend eingesetzt werden kann. Im Moment werden, wie in Abbildung 10 dargestellt, weltweit unterschiedliche Frequenzen im UHF-Bereich eingesetzt. Doch lassen Zwänge, wie Mobilfunk oder militärische Nutzungen, eine weltweite Standardisierung und Harmonisierung in naher Zukunft nicht zu. Aus diesem Grund gibt es auf dem Markt mittlerweile einige Transponder, die auf verschiedenen Frequenzen arbeiten können. Diese Entwicklung steht jedoch noch ganz am Anfang.

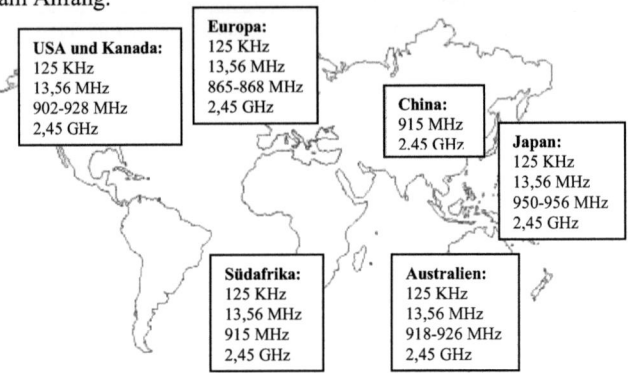

Abbildung 10: Frequenzen in den einzelnen Weltregionen[41]

Ein weiteres Unterscheidungsmerkmal von Transpondern und Readern ist neben den Frequenzen die Unterteilung in verschiedene Klassen nach EPC, welche in Tabelle 4 aufgeführt sind.

---

[41] vgl. Gillert u. Hansen 2007. S. 98

## 2.3 RFID-Technologie im Überblick

| Class 0 | Read-only, passiv, mit 64 Bit oder 96 Bit EPC die EPC-ID wird während der Produktion der Tags implementiert und kann nur gelesen werden (ohne eigene Energiequelle) | 900 MHz |
|---|---|---|
| Class 0+ | Write Once Read Many, passiv Tags sind mit dem Class 0- Protokoll lesbar | 900 MHZ |
| Class 1 | Write Once Read Many, passiv, mit 64 Bit oder 96 Bit EPC Nutzer kann den Tag einmal mit einer eigenen ID beschreiben | 860–960 MHz 13,56 MHz |
| Class 2 | Write Once Read Many, passiv, mit zusätzlichen Funktionen, zum Beispiel Datenspeicher für Kryptografie (Verschlüsselung) | 860–930 MHz |
| Class 3 | Write/Read-Tags, aktiv | 860–930 MHz |
| Class 4 | Write/Read-Tags, aktiv, durch kleine integrierte Funkeinheiten ist die Kommunikation zwischen den Transpondern ist möglich | 860–930 MHz |
| Class 5 | Write/Read-Tags, aktiv, die mit allen Klassen (auch 1, 2 und 3) aktiv kommunizieren können | 860–930 MHz |
| Gen 2 | Write Once Read Many, passiv, mit mind. 224Bit (96 Bit EPC-Daten und 32 Bit für die Fehlerkorrektur, einen Anwender-Datenbereich), Kill-Kommando steht zur Verfügung | 860–960 MHz 13,56 MHz in Arbeit |
| Gen 2, Class 1 | Ablösung der Gen-1 Class 0 und 1 Spezifikationen, passiv, mit mindestens 256 Byte Speicher, 2006 als ISO-Standard 18000-6c übernommen | 860–960 MHz 13,56 MHz in Arbeit |

Tabelle 4: EPC-Klassen für das Air Interface-Protocoll (AIP)[42],[43]

Um die RFID-Technologie auch für andere Anwendungen zu standardisieren, wurden die ISO-Normen entwickelt. Die Regelungen für die kontaktlosen Chipkarten sind in der folgenden Tabelle 5 und für die Güter- und Warenwirtschaft in Tabelle 6 zusammengefasst.

---

[42] vgl. Gillert u. Hansen 2007. S. 99
[43] vgl. Finkenzeller 2006. S. 314

| "Close-coupled"-Karten, Kontaktlose Chipkarten mit Leseabstände von 0 bis 1 cm | | < 30 MHz |
|---|---|---|
| ISO/IEC 10536-1:2000 | Physikalische Eigenschaften | |
| ISO/IEC 10536-2:1995 | Abmessungen und Lage der Koppelflächen | |
| ISO/IEC 10536-3:1996 | Elektrische Signale und Reset-Prozeduren | |
| "Proximity"-Karten, Kontaktlose Chipkarten mit Leseabstände von 7 bis 15 cm | | 13,56 MHz |
| ISO/IEC 14443-1:2000 | Physikalische Eigenschaften | |
| ISO/IEC 14443-2:2001 Änderung 1:2005 Korrektur 1:2007 | Hochfrequenz-Energieübertragung und Signalschnittstelle | |
| ISO/IEC 14443-3:2001 Änderung 1:2005 Korrektur 1:2006 Änderung 3:2006 | Initialisierung und Antikollisionsverfahren | |
| ISO/IEC 14443-4:1996 Änderung 1:2006 | Übertragungsprotokoll | |
| "Vicinity"-Karten, Kontaktlose Chipkarten mit Leseabstände bis 1 m | | 13,56 MHz |
| ISO/IEC 15693-1:2000 | Beschreibung der physikalische Eigenschaften | |
| ISO 15693-2:2006 | "Vicinity"-Karten, Kontaktlose Chipkarten, Definition der Luftschnittstelle und Initialisierung | |
| ISO 15693-3:2001 | "Vicinity"-Karten, Kontaktlose Chipkarten, Definition der Antikollisionsverfahren und Übertragungsprotokoll | |

Tabelle 5: Überblick über die ISO/IEC Standards für Kontaktlose Chipkarten

## 2.3 RFID-Technologie im Überblick

| Standards für die Luftschnittstellen | | |
|---|---|---|
| ISO 18000-1:2004 | Allgemeine Spezifikation für die Luftschnittstelle für global akzeptierte Frequenzen | |
| ISO 18000-2:2004 | Parameter für die Kommunikation bei kurzen Leseabständen | < 135 kHz |
| ISO 18000-3:2004 | Parameter für die Kommunikation bei Leseabständen bis 1,55 m | 13,56 MHz |
| ISO 18000-4:2004 | Parameter für die Kommunikation bei Leseabständen größer 100 m | 2,45 GHz |
| ISO 18000-6:2004 Änderung 1: 2006 | Parameter für die Kommunikation bei Leseabständen größer 4 m | 860 - 960 MHz |
| ISO 18000-7:2004 | Parameter für die Kommunikation über aktive Luftschnittstelle | 433 MHz |

| Testverfahren für Konformitätstests von RFID-Geräten | | |
|---|---|---|
| ISO/IEC TR 18047-2:2006 | Testverfahren für die Kommunikation | < 135 kHz |
| ISO/IEC TR 18047-3:2004 Korrektur 1:2007 | Testverfahren für die Kommunikation | 13,56 MHz |
| ISO/IEC TR 18047-4:2004 | Testverfahren für die Kommunikation | 2,45 GHz |
| ISO/IEC TR 18047-6:2006 | Testverfahren für die Kommunikation | 860 - 930 MHz |
| ISO/IEC TR 18047-7:2005 | Testverfahren für die Kommunikation | 433 MHz |

| Identifizierung von Waren mittels Hochfrequenz (RFID) für das Management des Warenflusses | |
|---|---|
| ISO/IEC 15961:2004 | Datenprotokoll. Anwendungsschnittstelle (API) |
| ISO/IEC 15962:2004 | Datenprotokoll. Regeln für die Datencodierung und Funktionen des logischen Datenspeichers |
| ISO/IEC 15963:2004 | Eindeutige Identifizierung von RF-Tags |

Tabelle 6: Überblick über die ISO-Standardisierungsfamilie[44]

---

[44] Weitere Beschreibungen der Standards sind bei Finkenzeller 2006. S.267 ff und bei Walk 2007 zu finden.

*2.3.3.5.2 Standards in der Luftfahrt*

Die Air Transport Association (ATA) und die International Air Transport Association (IATA) sind Vereinigungen der Flugzeughersteller und Luftfahrtgesellschaften. Sie arbeiten an einem eigenen Standard, der „Spec 2000" genannt wird. In diese Entwicklung einbezogen ist unter anderem auch die Federal Aviation Administration (FAA) der USA sowie das Luftfahrtbundesamt (LBA) Deutschlands. Problematisch an dieser Entwicklung ist, dass Spec 2000 nicht mit EPC kompatibel ist. So kann beispielsweise beim Catering eine EPC-Kennzeichnung verwendet werden. Jedoch wird bei Flugzeugteilen, wo die Kennzeichnung für die Instandhaltung und Wartung eine wichtige Rolle spielt, nur Spec 2000 akzeptiert. Eine Harmonisierung wird dabei zwar angestrebt, ist aber in näherer Zukunft nicht zu erwarten.

Die Kennzeichnung mit RFID ist in der Luftfahrt notwendig, da hier alle Flugzeugkomponenten von den Luftfahrtbehörden zugelassen sein müssen. Dabei müssen die Transponder sehr hohe Anforderungen erfüllen, zum Beispiel dürfen sie nicht während des Fluges angesprochen werden. Boeing setzt diese Technologie bereits seit einiger Zeit ein: aktive Tags werden in den Triebwerken zur Aufzeichnung von Betriebsdaten verwendet. Dies ermöglicht eine schnellere Kontrolle und Wartung am Boden. Außerdem werden ca. 1000 Teile im neuen „Dreamliner" mit passiven Tags ausgestattet.

*2.3.3.5.3 Standards der Pharmaindustrie*

Grund für die Anwendung der RFID-Technologie in der Pharmaindustrie sind Medikamentenkopien, deren Folge Umsatzausfälle, aber auch Gesundheitsgefährdungen sind. 95 % der Fälschungen haben nur einen geringen oder gar keinen therapeutischen Effekt, da die wesentlichen Wirkstoffe fehlen. Zudem fehlt bei den Fälschungen der Nachweis über die Transportbedingungen, wie zum Beispiel Temperaturen.

Die US-Gesundheitsbehörde verlangt aus diesen Gründen Nachweise über Herkunft und Transport anhand einer Seriennummer und eines elektronischen Lebenslaufes. In Kalifornien und Florida sind diese Nachweise seit 2007 gesetzlich vorgeschrieben.

In Europa gestaltet sich die Gestaltung einer einheitlichen Kennzeichnung dagegen schwierig. So verwendet Deutschland eine Pharmazentralnummer (PZN), die von der Informationsstelle für Arzneimittelspezialitäten (IFA GmbH) vergeben wird. Sie entspricht in etwa dem GS1 im Handel, womit es undenkbar ist, die PZN dem GS1 unterzuordnen.

Die Niederlande dagegen setzt den Health Industry Barcode (HIBC) ein, der durch den European Health Industry Business Communication Council (EHIBCC) zugeteilt wird und der in direkter Konkurrenz zum GS1 zu sehen ist.

### 2.3.3.5.4 Standards beim US-Militär

Das amerikanische Department of Defence (DoD) verwendet die so genannten Commercial and Government Entity (CADE), die mit einer Lieferscheinnummer vergleichbar ist. Zudem wird mit dem DoD Activity Address Code (DODAAC) die Nummer für das Logistikziel angegeben. Die RFID-Technologie soll beim US-Militär zur Optimierung der Logistik eingesetzt werden. Daher müssen seit 2007 alle 60 000 Lieferanten ihre Waren entsprechend kennzeichnen. Die Verwendung des EPC wird dabei akzeptiert, da eine Harmonisierung mit dem EPC-Standard angestrebt wird.

### 2.3.4 Weitere Aspekte

In diesem Abschnitt werden weitere Aspekte aufgezählt, die bei der Auswahl von RFID-Systemen eine Rolle spielen können. Diese Merkmale werden kurz vorgestellt und mit Literaturhinweisen versehen, eine ausführliche Betrachtung der einzelnen Aspekte kann den jeweiligen Quellen entnommen werden.

Unter **Datenerhaltungssicherheit** wird in dieser Arbeit die Sicherheit verstanden, mit der die Daten nach einem gewissen Zeitraum ohne Fehler ausgelesen werden können. Die Datenerhaltungssicherheit für aktive Transponder der i-Q Serie wird mit über 10 Jahren ohne Strom und 100.000 Schreibvorgängen angegeben,[45] bei Transpondern anderer Hersteller werden aufgrund des genutzten Speichertyps 40 Jahre Datenerhaltungssicherheit gewährleistet.[46] Im jeweiligen Fall ist in den Produktdatenblättern der Herstellerfirmen zu überprüfen, ob die angegebene Lebensdauer für den Anwendungszweck ausreicht. Die Struktur des Speichers (EEPROM, SRAM u. a.) ist direkt mit der Lebensdauer des Transponders verbunden.[47]

**Datenintegrität** und **Sicherheitsanforderungen** stellen weitere, zum Teil sehr hohe Anforderungen an die Transpondertechnologie, da hier weitere technische Komponenten auf den Transpondern integriert werden müssen.[48] Damit hängt auch die Datenübertragungs- und die Erkennungsrate zusammen.[49] Je aufwändiger die Identifizierung der Transponder und die Verifizierung der Daten werden, desto weniger Transponder können auf einmal erkannt werden. Dies ist besonders in der Projektierung von Stückgutabfertigung zu beachten, im Bauwesen spielt es jedoch eine eher untergeordnete Rolle. Zum einen ist hier die Datenmenge noch sehr gering, zum anderen befinden sich in den bisherigen Szenarien nur wenige Transponder gleichzeitig im Lesebereich eines

---

[45] vgl. IDENTEC SOLUTIONS AG [Hrsg.] 2005
[46] vgl. STMicroelectronics [Hrsg.] 2007. S. 1
[47] Nähere Erläuterungen zur Datenträgerstruktur: Lampe et al. 2006, S. 13 ff.
[48] Weiterführende Behandlung der Transponderarchitektur in: Michel 2004a; Michel 2004b; Berger 2003. S. 25; IFL [Hrsg.] 2002. S. 28; Lampe et al. 2005. S. 11 ff.
[49] vgl. Lampe et al. 2005, S. 11.

Readers. Aus diesem Grund wird an dieser Stelle auch nicht näher auf Antikollisionsverfahren eingegangen. Diese werden erst dann notwendig, wenn Pulkauslesungen einer größeren Menge an Transpondern stattfinden sollen.[50]

Neben den in Kapitel 2.3.3.3 aufgeführten gesetzlichen Bestimmungen, die den Einsatz von RFID-System in Deutschland regeln, sind natürlich bei grenzüberschreitenden Anwendungen auch die **gesetzlichen Regelungen der anderen Staaten** zu beachten. Dazu gehören auch die Normen, in denen der Aufbau, die Funktionsweise und die Kompatibilität der einzelnen Transponder und Lesegeräte geregelt werden. Damit soll zum Beispiel sichergestellt werden, dass in den USA produzierte Tags mit europäischen Lesegeräten kompatibel sind. Auch die eineindeutige Identifizierung der Produkte ist weltweit zu regeln, was die Non-Profit-Organisation EPCglobal gegenwärtig übernimmt.

Als letzter Aspekt können hier die **Transponderkosten** angesprochen werden.[51] Die Kosten für passive Transponder unterliegen vielen Abhängigkeiten. Diese sind zum Beispiel die Arbeitsfrequenz oder die Bauform (Label oder Plastikummantelung). Sie liegen zurzeit zwischen ca. 0,50 € und 15 €. Dies ist zwar für die Lebensmittelbranche beim Item-Tagging[52] zu viel, doch beim Verfolgen von Fertigteilen oder ähnlichen Anwendungen auf der Baustelle fällt ein solcher Betrag nicht ins Gewicht. Außerdem ist damit zu rechnen, dass sich bestimmte Transponderarten in den nächsten Jahren durchsetzen und so mit steigender Stückzahl die Kosten für die einzelnen Transponder sinken werden.

Zurzeit sind die **Lesegeräte**, die sich auf dem Markt befinden, noch relativ teuer. Dies liegt auch daran, dass die Standardisierung noch nicht so weit fortgeschritten ist, dass alle Transponder eines Frequenzbandes mit jedem Reader ausgelesen werden können. Daher existieren von jedem Transponderhersteller auch spezielle Lösungen für die Auslesung und Weiterverarbeitung der Daten. Nachdem nun einheitliche Standards durchgesetzt werden, ist zu erwarten, dass auch die Kosten für die Infrastruktur sinken.

**2.3.5 Zusammenfassung**

In der folgenden Tabelle sind die wichtigsten Kenngrößen und Parameter für alle vier Frequenzbereiche zusammenfassend dargestellt. Die beiden in diesem Bericht nicht behandelten Frequenzen dienen dabei lediglich der Information.

---

[50] vgl. Lampe et al. 2005, S. 8.
[51] vgl. Lampe et al. 2005. S. 14; Pristauz 2005.
[52] Item-Tagging: jedes Element (z. B. Jogurtbecher) wird einzeln mit einem Transponder versehen.

## 2.3 RFID-Technologie im Überblick

| Arbeitsfrequenz | LF (100-135 kHz) | HF 13,56 MHz | UHF 868/915 MHz | SHF 2,45 GHz |
|---|---|---|---|---|
| Funktionsprinzip | Induktive Kopplung | | Backscatter-Kopplung oder Erzeugung eigener elektromagnetischer Wellen | |
| Energieversorgung | Passiv | Passiv und Semiaktiv (Batterie für Sensorik) | Passiv und Aktiv | |
| Datenspeicherung | Read Only und Read Write (i. d. R. bis 2 kBit Speicherkapazität) | Fast ausschließlich Read/Write (i. d. R. bis 2 kBit Speicherkapazität) | Read Only und Read Write (i. d. R. bis 256 kBit Speicherkapazität bei aktiven Systemen) | |
| Reichweite | Bis ca. 1,0 m | Bis ca. 1,7 m | Bis ca. 6,0 m bei passiven Systemen; Bis ca. 100 m bei aktiven Systemen | |
| Einfluss von Metall | | Abschwächung des magnetischen Feldes, Verstimmung der Resonanzfrequenz, Ferritschichten oder -kerne können Metalleinflüsse mindern | Reflexionen an Metalloberflächen, bei direkter Applikation der Antenne auf Metalluntergrund (Labeltransponder) Anpassungen sind notwendig | |
| Einfluss von Flüssigkeiten | Niedrig | Hoch | Sehr hoch | |
| Pulkfähigkeit (mehrfaches Auslesen) | Technisch möglich, derzeitig wenig realisiert | Möglich (z. Z. bis 100 Stück) | Möglich (z. Z. bis 500 Stück) | |
| Lebensdauer | EEPROM-Speicher (passive Read/Write Systeme) ca. 10.000 bis 100.000 Schreibzyklen, SRAM (aktive Read/Write-Systeme) nahezu unbegrenzte Anzahl von Schreibzyklen möglich, bei aktiven und semiaktiven Systemen abhängig von der Lebensdauer der Batterie | | | |
| Datenübertragungsraten | Niedrig (ca. 4 kbps) | Hoch | Sehr Hoch (bis 848 kbps) | |
| Transponderbauformen | Glasröhrchen, Stick, Nagelform; Coin, Karte, Disc | Label | Label, Kunststoff-Gehäuse | |
| ca. Preis je Transponder [€] | 0,50 -1,00 passiv | 0,40-0,70 passiv, 8,00 mit Temperatursensor | 0,40-0,70 passiv, 80,00 mit Temperatursensor | 30,00 bis 50,00 aktiv |

Tabelle 7: Übersicht Frequenzen nach Schneider, J. 2005

## 2.4 Bisherige Einsatzgebiete und Nutzenpotenziale der RFID-Technologie

Ein sehr bedeutendes Anwendungsfeld für die Radiofrequenzidentifikation ist die Kennzeichnung von Objekten *und Lebewesen*. So gibt es zum Beispiel Projekte, bei denen Patienten im Krankenhaus mit einem RFID-Armband versehen werden, auf dem die Patientennummer gespeichert ist. Das mit einem mobilen Lesegerät ausgestattete medizinische Personal kann die Nummer auslesen und sich über eine verschlüsselte Verbindung zum Zentralcomputer alle patientenbezogenen Informationen anzeigen lassen. Dadurch können die Betreuung verbessert sowie Verwaltungskosten gesenkt werden.[53]

An japanischen Schulen werden die Schulmappen der Kinder mit Transpondern bestückt. Diese signalisieren die Anwesenheit der Schüler auf dem Schulgelände und tragen damit zur Erhöhung der Sicherheit bei.[54]

Bei der Rinderhaltung kann die Technologie zum Beispiel zur automatischen Futterzuteilung oder zur Leistungserfassung herangezogen werden. Darüber hinaus erlaubt sie eine betriebsübergreifende Kennzeichnung zur Seuchen- und Qualitätskontrolle bzw. zur Herkunftssicherung.[55]

In der Industrie werden vor allem hochwertige Leihbehälter zum Transport von Gasen und Chemikalien mit RFID-Datenträgern mit dem Ziel ausgestattet, Verwechslungen und Anwendungsfehlern vorzubeugen. Auf den Transpondern befinden sich neben Informationen über Inhalt, Flaschennummer und Eigentümer auch weiterreichende wie TÜV-Termin oder maximaler Fülldruck.[56]

Ebenfalls um Irrtümer auszuschließen, werden Blutplasma und -proben im Gesundheitswesen mit Hilfe von Transpondern eindeutig gekennzeichnet.[57] In Bibliotheken ist die RFID-Technologie bei der Verbuchung der Medien und dem Bestandsmanagement sehr nützlich.[58]

Auch bei der *Echtheitsprüfung von Dokumenten* wächst die Bedeutung von RFID immer weiter. So werden vor allem Belege zur persönlichen Identifikation immer häufiger mit Transpondern versehen, auf denen biometrische Daten der Person hinterlegt sind. In Deutschland zum Beispiel werden die Reisepässe seit November 2005 mit einem solchen Chip ausgestattet.[59]

Ein weiteres großes Anwendungsgebiet für RFID ist die *Zutritts- und Routenkontrolle*. Hier findet die Technologie Anwendung in Skipässen oder Eintrittskarten, wie zum

---

[53] vgl. Mülling 2006. S. 2 ff.
[54] vgl. BSI [Hrsg.] 2004. S. 72
[55] vgl. Finkenzeller 2006. S. 416 ff.
[56] vgl. Finkenzeller 2006. S. 427 ff.
[57] vgl. BSI [Hrsg.] 2004. S. 71
[58] vgl. Weiss u. Kern 2004
[59] vgl. BSI [Hrsg.] 2004. S. 72 f.

## 2.4 Bisherige Einsatzgebiete und Nutzenpotenziale der RFID-Technologie

Beispiel für die Fußball-Weltmeisterschaft 2006 in Deutschland. Außerdem werden High-End-Systeme zur Abriegelung von Hochsicherheitsbereichen in Gebäuden eingesetzt. Bei Fluggesellschaften und der Deutschen Post können mit Smart-Label versehene Gepäckstücke oder Pakete identifiziert und verfolgt werden.[60] Österreich und einige Bundesstaaten der USA setzen RFID zur Mauterhebung ein. Die Transponder werden dabei in Form von Plaketten hinter die Windschutzscheibe geklebt.[61]

Bei der *Diebstahlsicherung* ist vor allem die Elektronische Artikelsicherung (EAS) zu nennen. Hier kommen so genannte 1-bit-Transponder zum Einsatz, die an den Waren befestigt werden und ein Signal auslösen, sobald sie in den Ansprechbereich eines Lesegerätes kommen.[62] Darüber hinaus wird die RFID-Technologie bei Wegfahrsperren für Kraftfahrzeuge verwendet, wobei ein Miniaturtransponder in den Schlüsselknauf eingearbeitet ist. Beim Umdrehen des Schlüssels im Zündschloss wird das darin integrierte Lesegerät aktiviert und überprüft die Authentizität des Schlüssels.[63]

RFID wird auch bei der *Instandhaltung und Reparatur* eingesetzt. So stattet Airbus seine Spezialwerkzeuge mit Datenträgern aus, um zum Beispiel die Wartungsintervalle zu überwachen.[64] Die Fraport AG nutzt die Technologie zur Optimierung des internen Wartungsmanagements.[65]

*Umweltmonitoring und Sensorik* zählen ebenfalls zu den Anwendungsfeldern der Radiofrequenzidentifikation. In einem Projekt der Eidgenössischen Materialprüfungs- und Forschungsanstalt (EMPA, Schweiz) werden mit Hilfe von den in die Transponder integrierten Sensoren mechanische Parameter in Brücken und Straßenbelägen gemessen. Außerdem wird die RFID-Technologie für das automatische Aufzeichnen und Ablesen verschiedener Umweltfaktoren wie Temperatur, Feuchtigkeit oder Schadstoff herangezogen.[66]

Für das *Supply-Chain-Management* laufen zum Beispiel in der Konsumgüterindustrie Projekte, RFID mit dem Ziel einer unternehmensübergreifenden Steuerung und Überwachung der gesamten Lieferkette einzusetzen (Wal-Mart, Metro Group).[67]

---

[60] vgl. BSI [Hrsg.] 2004. S. 76 ff.
[61] vgl. Informationsforum RFID. http://www.info-rfid.de/anwendungsbereiche/1753.html
[62] vgl. BSI [Hrsg.] 2004. S. 81 f.
[63] vgl. Finkenzeller 2006. S. 384 ff.
[64] vgl. BSI [Hrsg.] 2004. S. 75
[65] vgl. BITKOM [Hrsg.] 2005. S. 43 ff.
[66] vgl. BSI [Hrsg.] 2004. S. 83
[67] vgl. BSI [Hrsg.] 2004. S. 84 ff.

# 3 Nutzungspotenzial der RFID-Technologie im Lebenszyklus eines Bauwerkes durch die Erzeugung eines intelligenten Bauteils

Das klassische Datenflussmodell, exemplarisch dargestellt in Abbildung 11, ist unterteilt in die Objekt- und Datenebene. Allein bei der Betrachtung der Datenebene ist eine Vielzahl so genannter „Medienbrüche", bei denen eine Umwandlung von digitalen Daten in analoge Daten oder umgekehrt erfolgt, zu finden. Diese Wechsel sind fehleranfällig und regelmäßig mit Datenverlusten verbunden. Die Fehlerbehebung, aufwändige Bauwerksaufnahmen oder die Wiederbeschaffung der verlorenen Daten sind die Folgen und mit erheblichen zusätzlichen Kosten verbunden.

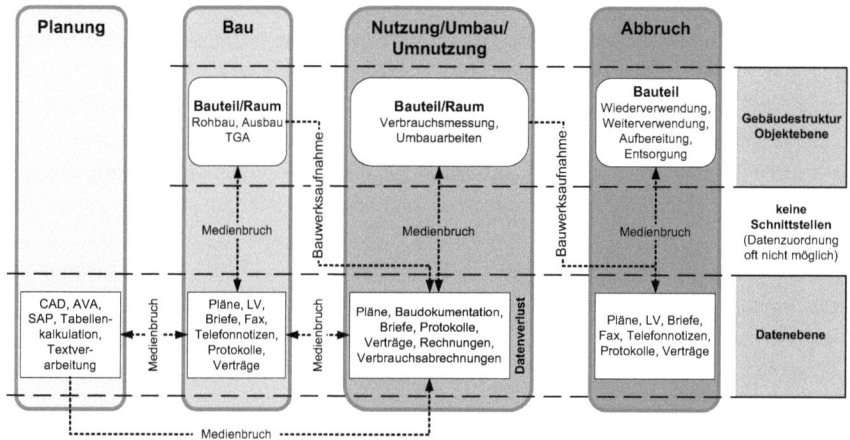

Abbildung 11: Klassischer Informationsverlauf im Bauwesen

Daher ist ein Weg zu finden, diese Medienbrüche zu vermeiden und die entstandenen Daten sicher und jederzeit verfügbar zu erhalten. Die Lösung für diese Fragestellung ist die RFID-Technologie.

Im Folgenden wird anhand des Lebenszyklus eines Bauwerkes, der aus
- der Planungsphase,
- der Bauphase (Vorfertigung, Transport, Montage),
- der Nutzungsphase inklusive Umnutzung und Modernisierung und
- dem Abbruch

besteht, detailliert der jeweilige Nutzen dargestellt.

## 3.1 Nutzungspotenziale in der Planungsphase

In der Planungsphase werden heute üblicherweise digitale Werkzeuge wie z. B. komplexe CAD- und AVA-Anwendungen eingesetzt. Die digitalen Daten werden dann ausgedruckt und an die Planungsbeteiligten sowie an die Bauausführung weitergegeben. Die digitale Datenübermittlung hat sich bisher nicht durchgesetzt.

Der direkte Einsatz der RFID-Technologie ist während dieser Phase hier nur insofern sinnvoll, dass wichtige Eigenschaften und Randbedingungen für alle Bauteile festgelegt werden. Dazu gehören unter anderem die Bauteilidentität, Materialeigenschaften, Abmessungen der Bauteile und bauverfahrensspezifische Vorgaben. Daraus werden die Daten bestimmt, die später als Inhalte direkt vom Transponder erhältlich sein sollen.

## 3.2 Nutzungspotenziale in der Bauphase

Die Herstellung der Bauobjekte erfordert einen Datenaustausch zwischen der Objektebene (reales Objekt, Produktionsort) und der Datenebene (virtuelles Objekt, Bauleitung und Planung). Digitale Schnittstellen fehlen an dieser Stelle. Alternativ werden analoge Daten (z. B. Lieferscheine oder Bautenstände) durch die Bauleitung in digitale Systeme eingepflegt und digitale Daten aus der Planung oder aus Besprechungen ausgedruckt oder mündlich zum Produktionsort gegeben. Die Folge sind Verzögerungen sowie Mehrarbeiten, da Planänderungen zu spät oder gar nicht am Ausführungsort ankommen.

Hier werden die Möglichkeiten der RFID-Technologie sichtbar. Zunächst einmal ist jedes Bauteil eineindeutig identifizierbar. Durch die in der Planung festgelegte Bauteilidentität (in Form von Raum- und Bauteilnummern) sowie die zugeordnete Transpondernummer ist jederzeit feststellbar, ob die Arbeiten am richtigen Bauteil durchgeführt werden.

Es gilt zudem als nachgewiesen, dass beispielsweise ca. 8,4 % der Arbeitszeit im Rohbau[68] und bis zu 5 % der Arbeitszeit im Ausbau[69] mit der Beschaffung von Informationen verloren geht. Dank der RFID-Technologie können diese Verlustzeiten erheblich verringert werden, da die Informationen direkt am Bauteil abrufbar sind und Suchprozesse damit komplett entfallen. Werden außerdem Maschinen und Geräte mit Transpondern gekennzeichnet, ist einfach nachzuverfolgen, wo sie und von wem sie verwendet werden. Dadurch kann auch an dieser Stelle Zeit gespart werden.

Die Daten, die für die Bauphase notwendig sind bzw. die während der Bauphase entstehen, müssen direkt am Bauteil zur Verfügung gestellt und ergänzt werden können. Nur so kann die Bauorganisation optimiert werden.

Zu diesen Daten zählen im Wesentlichen:
- die Bauteilkennwerte (z. B. Material, Abmessungen, Überwachungszertifikate),
- die Herstelldaten (z. B. Hersteller, Herstelldatum, bauverfahrensspezifische Daten),

---

[68] vgl. Berner 1983. S. 129
[69] vgl. Blömeke 2001. S. 77 ff.

- die Dokumentation der Fertigstellung eines Arbeitsschrittes durch Auftragnehmer,
- die Teilabnahmen durch den AG von Bauteilen, die später verdeckt werden (z. B. Bewehrungsabnahme) und
- die Dokumentation der Qualität durch Auftragnehmer sowie Auftraggeber.

Eine Übersicht über die zur Verfügung zu stellenden Daten ist im Kapitel 4.3.1 zu finden.

Durch die Verbindung der Bauteile (Objektebene) mit den Informationen (Datenebene) mittels eingebauter Transponder wird die elektronische Welt mit der realen Welt verknüpft (= „Ubiquitous / Pervasive Computing" oder „Internet der Dinge"). Über die Verknüpfung der Objekte untereinander kann beispielsweise sichergestellt werden, dass Fertigteile an der richtigen Stelle montiert werden. Bauverfahrensspezifische Daten können mit Soll- und Grenzwerten verglichen werden. Diese Vergleiche sind in Verbindung mit Sensortechnik noch genauer: Sensoren in den Bauteilen können kontinuierlich Umgebungstemperaturen, Feuchtigkeit, Drücke etc. aufnehmen. Sie können dadurch dem Ausführenden/Überwachenden Aufschluss darüber geben, ob zum Beispiel der Beton, in dem der Transponder eingebaut ist, schon ausgehärtet ist und somit ausgeschalt werden kann. Neben der Überwachung der Prozesse können demzufolge auch die Qualität des Bauteils nachgewiesen und die Prozesse (speziell ihre Dauer) optimiert werden. Für das genannte Beispiel könnte man so die Ausschalfristen verkürzen, ohne dabei Risiken einzugehen (z. B. dass die Tragfähigkeit noch nicht genügend erreicht ist).

Die Verknüpfung von Daten und Objekten hat aber noch weitere Vorteile: so kann jedes Bauteil direkt für weitere Arbeitsschritte freigegeben werden. Dies vermeidet Doppelarbeit und Zeit für (überflüssige) Umräumarbeiten. Diese Freigaben sind auch als Abnahmen zu verstehen und lösen somit weitere Prozesse, wie beispielsweise Aufmaßerstellung, Fertigstellungsmeldungen und Abrechnung, aus. So wird der aktuelle Bauzustand stetig fortgeschrieben und abgeschlossene Leistungen werden automatisch und zeitnah abgerechnet. Gleichzeitig können durch die Bauzustandsfortschreibung die Termine überwacht, die offenen Arbeiten nach ihrem Fertigstellungstermin sortiert und ggf. Termine angepasst werden.

Da auf diese Weise alle Teilabnahmen dokumentiert sind, wird die Gesamtabnahme am Ende vereinfacht. Bei der Übergabe des Bauwerks an den Bauherrn kann dieser so selbst durch das Gebäude gehen und dabei alle Prozesse und Leistungen nachvollziehen.

Durch die RFID-Technologie wird außerdem das Mängelmanagementsystem unterstützt, da für jedes Bauteil gesondert Art, Lage und Ausmaß von Mängeln sowie der Termin zur Beseitigung erfasst wird und später die Verantwortlichkeiten nachzuvollziehen sind.

Aber auch interne Prozesse werden dokumentiert. Durch die Anwendung der RFID-Technologie kann nachverfolgt werden, welcher Mitarbeiter für welchen Prozess verantwortlich ist. So kann z. B. bei der Abnahme eines Bauteils festgehalten werden, wer die Freigabe erteilt hat und wann. Da die Mitarbeiter nicht mit Transpondern, sondern mit Lesegeräten ausgestattet werden, ist eine „unbemerkte" Überwachung, wie sie viele Datenschützer befürchten, nicht möglich.

Durch das Hinterlegen der Mitarbeiterkennung in Verbindung mit seiner Tätigkeit auf dem Transponder ist außerdem eine Aussage über die Qualität der Arbeit jedes Mitarbeiters möglich. Dies kann für das interne Qualitätsmanagement herangezogen werden und verbessert dabei zudem die Mitarbeitermotivation.

Der Nutzen der RFID-Technologie in der Bauphase liegt klar auf der Hand:

- Das Fehlerpotenzial in sämtlichen Abläufen wird erheblich gesenkt, da immer die aktuellsten und für jeden Prozess die notwendigen Daten direkt am Bauteil verfügbar sind.

- Durch das Vorhandensein aller notwendigen Informationen kann eine hohe Qualität erreicht werden, die gleichzeitig nicht mehr kostet - sondern eher noch günstiger wird, da Fehler und Verteilzeiten reduziert werden.

- Termine werden eingehalten, da alle am Bau Beteiligten immer auf dem aktuellsten Planungsstand sind.

- Die ständige Dokumentation über Arbeitsschritte, Verantwortlichkeiten und Freigaben sind ein Nachweis über die Qualität, unterstützen so das Qualitätsmanagement und sind Grundlage für die „Integrierte digitale Gebäudeakte".

- Kontinuierliche Überwachung von Zuständen (Tragverhalten, Feuchtigkeit, Temperatur).

Sämtliche Daten, die notwendig sind oder im Bauprozess einmal notwendig waren, bleiben erhalten und können so jederzeit wieder eingesehen werden. Eine aufwändige Wiederbeschaffung im weiteren Lebenszyklus des Bauwerkes/Bauteiles entfällt somit.

## 3.3 Nutzungspotenziale in der Nutzungsphase

Üblicherweise erfolgt ein erneuter, großer Medienbruch beim Übergang von der Bau- zur Nutzungsphase. Dabei werden die während der Bauphase gespeicherten digitalen Daten analog in Form einer Bauwerksdokumentation, an den Bauherren übergeben. Schon hierbei sind nicht mit Sicherheit alle Daten auf den Besitzer übergegangen. Bei jedem weiteren Besitzerwechsel gehen weitere Daten verloren, die sich der neue Besitzer/Nutzer neu beschaffen muss. Das kostet Zeit und Geld, und ist möglicherweise mit Zerstörungen an einzelnen Bauteilen verbunden.

Mit der RFID-Technologie lassen sich diese Probleme lösen. Durch die in den Bauteilen eingebauten Transponder sind jederzeit alle notwendigen Daten über einzelne

Bauteile direkt am Bauteil abrufbar. Dazu gehören Bauteilidentität, Aufbau, Materialeigenschaften, Abmessungen, Leitungsverläufe etc. Da diese Daten dezentral auf den Transpondern im Bauteil hinterlegt sind, ist die Gefahr des Datenverlustes sehr gering.

Die bereits in Abschnitt 3.2 angeführten Sensoren können auch in der Nutzungsphase weiterverwendet werden. So können sie nun tragende Bauteile überwachen und ermöglichen so zu jedem Zeitpunkt Aussagen über die aktuelle Qualität und Leistungsfähigkeit der Bauteile.

Natürlich können auch sämtliche Umbau- und Modernisierungsmaßnahmen sowie die Instandhaltung des Bauwerkes genau dokumentiert werden. Hier werden wie in der Bauphase Bauteilkennwerte (Material, Hersteller, Abnahmen etc.) festgehalten, um sie zu späteren Zeitpunkten nachverfolgen zu können.

Entstehen während der Nutzung nun Schäden oder treten Mängel auf, ist es ein Leichtes, den Verantwortlichen dafür zu finden, da er auf dem Transponder im schadhaften Bauteil vermerkt ist. Die einzelnen Schritte zur Mängelbeseitigung (Begutachtung, Verantwortlichkeit, Termin zur Beseitigung, Abnahme) werden, wie auch in der Bauphase, auf dem Transponder notiert. Dies ist ein wesentlicher Beitrag zur Optimierung des Mängelmanagements.

Ein weiterer Nutzen der RFID-Technologie betrifft Dienstleistungen, die im Gebäude erbracht werden. Hierzu gehören zum Beispiel Reinigungs- und Sicherheitsdienste. Wenn diese Dienstleister mit einem Lesegerät ausgestattet sind, vermerken sie ihre erbrachte Dienstleistung in dem Raum, in dem sie die Arbeit abgeschlossen haben. Somit ist beispielsweise der Wachdienst gezwungen, regelmäßig seinen Rundgang durchzuführen und die Räume zu kontrollieren. Es ist also beweisbar, ob eine Dienstleistung wirklich erbracht wurde. Auch hier gilt, wie schon in Abschnitt 3.2, dass keine unbemerkte Überwachung stattfindet, sondern der Dienstleister mit dem Lesegerät aktiv und bewusst eine Information auf dem Transponder hinterlegt.

Die Daten, die nun in der Nutzungsphase anfallen, werden zu den Daten aus der Bauphase in der schon genannten „integrierten digitalen Gebäudeakte" gesammelt und sind somit dauerhaft verfügbar.

### 3.4 Nutzungspotenziale in der Phase des Abbruchs

Der letzte große Medienbruch tritt beim Abbruch eines Gebäudes auf. Zu diesem Zeitpunkt existieren oft keine Unterlagen mehr über das Gebäude. Daher muss eine genaue Analyse über die Gebäudestruktur, Materialien, Nutzungen und Gefährdungen durchgeführt werden, die viel Zeit und Geld kostet. Dabei werden aber möglicherweise nicht alle potenziellen Gefahren erkannt. Daher empfiehlt sich die Nutzung der RFID-Technologie ganz besonders in diesem Bereich.

Da im gesamten Lebenszyklus des Gebäudes alle Daten erfasst wurden, gibt es keine „Überraschungen" mehr. Die Bauteilabmessung, verwendete Materialien, tatsächliche

Leitungsverläufe, durchgeführte Umbauten und Nutzungen u. a. - kurz: der gesamte Lebenslauf des Bauteils bzw. des Gebäudes - sind genau bekannt. Durch die Verwendung von Sensoren und deren Daten ist sogar der Zustand der einzelnen Bauteile abrufbar. Diese Daten sind in der „integrierten digitalen Gebäudeakte" erfasst und somit sofort bauteilbezogen verfügbar. Durch die Datenhaltung *im* Transponder ist die Gefahr, sie im Lebenszyklus eines Bauwerkes zu verlieren, sehr gering.

Durch die RFID-Technologie wird im Vorfeld eines Gebäudeabbruches also viel Zeit und Kosten gespart. Außerdem wird durch die detaillierten Informationen die Sicherheit der ausführenden Firmen/Mitarbeiter erhöht.

### 3.5 Zusammenfassung und neues Datenflussmodell

Zusammenfassend ist also festzustellen, dass durch die RFID-Technologie die Kennwerte eines Gebäudes immer genau bekannt sind. Dies ermöglicht es, zu jedem Zeitpunkt die notwendigen Daten für Instandhaltung, Nutzung oder abschließend Abbruch, abzurufen und zu nutzen. Die Datenhaltung erfolgt nun kontinuierlich über alle Lebensphasen und ohne Medienbrüche. Dieser Sachverhalt ist ergänzend in Abbildung 12 dargestellt. Außerdem wird erheblich Zeit eingespart, in der sonst Informationen gesucht oder Verantwortlichkeiten geklärt werden müssen. Die Dokumentation aller Arbeitsschritte ermöglicht die Nachverfolgung und somit eine Qualitätsüberwachung.

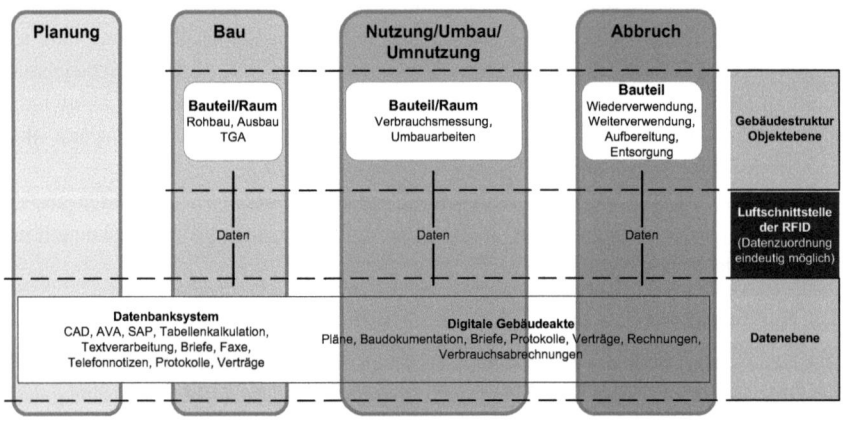

Abbildung 12: Durchgängiger Datenfluss mit RFID

Durch die Verwendung von RFID-Technologie im Bauwesen werden also Prozesse und Informationsflüsse optimiert, Kosten gespart und die Qualität erhöht.

# 4 Anforderungen an die Speichergrößen und Speicherstruktur

## 4.1 Datenspeicher der aktuellen RFID-Transponder

In der folgenden Abbildung 13 werden die verschiedenen Arten von Transpondern in Verbindung mit ihren möglichen Speichergrößen dargestellt. Die für dieses Forschungsprojekt interessanten passiven Transponder liegen dabei im Bereich von 4 Bit bis ca. 8 kBytes, die aktiven von 512 Bit bis etwa 128 kBytes.

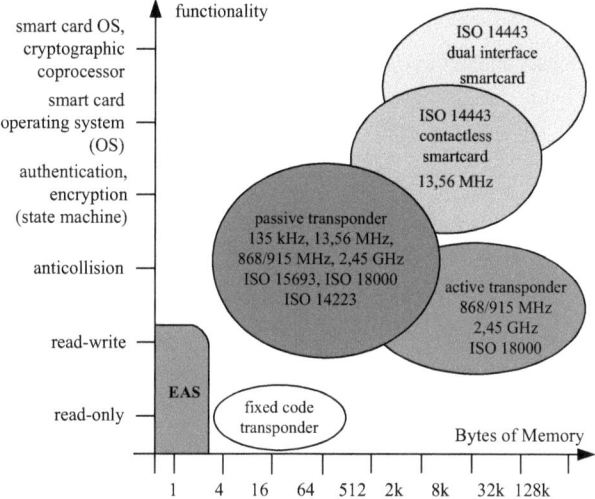

Abbildung 13: Speichergrößen in Abhängigkeit der Standards[70]

Dass die Entwicklung der jeweiligen Speichergrößen voranschreitet, erkennt man beispielsweise daran, dass in anderen Frequenzbereichen passive Transponder bereits mit 8 kByte ausgestattet sind.[71]

## 4.2 Analyse der vorhandenen Prozessdaten am Beispiel des Stahlbetonbaus

Der Herstellungsprozess im Stahlbetonbau gliedert sich in die folgenden Prozesse:

1. Herstellen der Baustoffe
   a) Aufbereiten des Frischbetons
   b) Herstellen der Bewehrung
2. Herstellen des Bauteils
   a) Stellen der Schalung
   b) Einbau der Bewehrung

---

[70] vgl. Finkenzeller 2006. S. 26
[71] vgl. Fischer, W.-J. 2007. Folie 15

c) Einbau des Betons
3. Nacharbeit
   a) Ausschalen
   b) Nachbehandeln
   c) Nacharbeiten

Die einzelnen Prozesse werden bis zu den einzelnen Arbeitsgängen aufgeteilt. Anschließend werden die Informationen, die in diesen Arbeitsgängen entstehen oder benötigt werden, analysiert. Daraus entsteht eine Informationsmatrix für den Ortbetonbau.

Nachfolgend wird beispielhaft anhand eines Lieferscheines dessen Informationsgehalt erläutert. Der in Abbildung 14 gezeigte Betonlieferschein ist an verschiedenen Stellen mit Ziffern gekennzeichnet, die nun erklärt werden sollen.

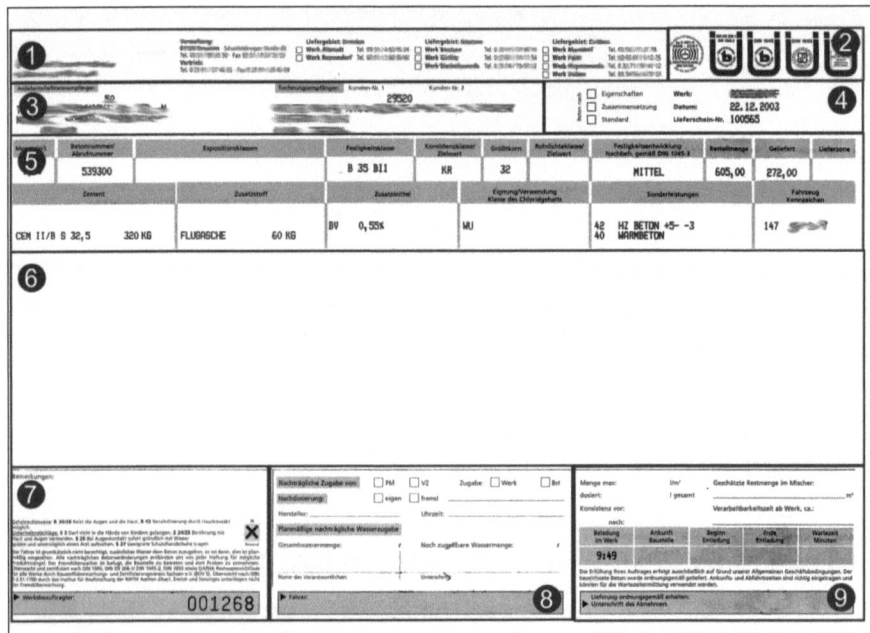

Abbildung 14: Betonlieferschein

**Punkt 1: Werksangaben**
- Name des Unternehmens
- Jedes Mischwerk mit Telefonnummer

**Punkt 2: Überwachungszeichen**

**Punkt 3: Besteller**

- Adresse / Lage der Baustelle
- Rechnungsanschrift

**Punkt 4: Allgemeine Angaben**
- Einordnung des Beton laut DIN 1045-2 in Beton nach Eigenschaften, nach Zusammensetzung oder Standardbeton
- Welches Werk liefert den Beton
- Lieferdatum
- Lieferscheinnummer

**Punkt 5: Angaben zum Beton**
- Menge im Transportfahrzeug
- Rezeptur- / Abrufnummer
- Expositionsklassen
- Festigkeitsklasse
- Konsistenzklasse
- Größtkorn
- Rohdichteklasse
- Festigkeitsentwicklung
- bestellte Betonmenge
- bereits gelieferte Betonmenge
- Zementart und –menge
- Zusatzstoffart und –menge
- Zusatzmittelart und –menge
- Kennzeichnung von Sonderanforderungen, wie zum Beispiel „Wasserundurchlässiger Beton"
- Sonderleistung, wie zum Beispiel „Heizen des Beton im Winter"
- Fahrzeugkennzeichen

**Punkt 6: Protokollbereich**
- Platz für Protokollausdruck der Wiegeeinrichtung, dieser Ausdruck kann vom AG als Nachweis verlangt werden. Dies wird vor allem von öffentlichen Auftraggebern beim Ingenieurbau verlangt. Falls es sich um Beton nach Zusammensetzung handelt, weist der Hersteller mit diesem Protokollausdruck die Konformität nach.

**Punkt 7: Hinweise und Unterschrift des Werksbeauftragten**

**Punkt 8: Nachdosierung und Unterschrift des Fahrers**
- Bei Nachdosierung von Fließmittel, Verzögerer oder gegebenenfalls Wasser ist dies mit Angabe der Betonmenge und der Menge des Mittels zu dokumentieren.

- Da die Wasserzugabe auf der Baustelle in aller Regel strikt untersagt ist, muss die Person, welche die Nachdosierung von Wasser angeordnet hat, auch unterschreiben.

**Punkt 9: Zeiten und Unterschrift des Abnehmers**
- Protokollierung der Zeiten wie Beladung im Werk, Ankunft auf der Baustelle, Beginn der Entladung, Ende der Entladung,
- Unterschrift des Abnehmers

Gut zu erkennen ist die enorm große Anzahl von Informationen, die allein in einem solchen Lieferschein stecken. Diese Informationen sind wichtig, um Abnahmen, gegenseitige Ansprüche, Konformitätsnachweise oder Materialinformationen zu dokumentieren.

Diese scheinbar „vielen" Informationen werden im Herstellungsprozess eines Betonbauteiles noch ergänzt. Die immer weiter wachsende Menge der Informationen wird nur in Teilen in die Baustellendokumentation übernommen, zum Beispiel in das Betoniertagebuch und das Baustellentagebuch. Dabei stellt auch ein Protokollausdruck oder eine Unterschrift eine Art „Abnahme" einer Leistung dar. Um beim obigen Beispiel zu bleiben: die Informationen über Stand-/Wartezeiten im Lieferschein werden herangezogen, um gegenseitige Regressforderungen geltend zu machen, da eben diese Wartezeiten üblicherweise gegenseitig in Rechnung gestellt werden.

Ansonsten werden Lieferscheine nur mehr oder minder gut abgelegt und normalerweise nach Bauende mit der Übergabedokumentation an den Bauherren übergeben. Die vielen entstandenen Informationen werden dabei nur selten zum Nachweis über die Qualität herangezogen. Dabei sind die Baustoffkennwerte Informationen über das real eingebaute Material, die bei Umbau und Abbruch notwendig wären und oft in den meisten Fällen nicht mehr vorhanden sind. Dass sie aber gebraucht werden, wurde bereits ausführlich in Kapitel 3 erläutert. Aus diesem Grund ist es ausgesprochen sinnvoll und vor allem notwendig zum sicheren Erhalt der Daten die Informationen direkt vor Ort am/im Bauteil zu sichern.

## 4.3 Der Transponder als dezentrales Speichermedium

### 4.3.1 Speicherinhalt und Struktur

In Abbildung 15 wird beispielhaft die notwendige Datenstruktur eines RFID-Speichers im Fall des Stahlbetonbaus gezeigt.

Die Struktur ist gegliedert in die *Daten-ID*, die *Stammdaten*, die Daten der *Herstellung*, die Daten der *Umbau*arbeiten und in Daten der *Instandhaltung*. Dabei werden die meisten Daten als ASCII-Code gespeichert. Nur wenn beispielsweise ein Baustoff eine

EPC-Identifikationen (z. B. Lieferantennummer) liefert, wird diese in die Speicherstruktur übernommen.

Um Speicherplatz zu sparen, wird oft auf Abkürzungen zurückgegriffen (z. B. „W" für Wand). Diese Abkürzungen können verwendet werden, da sie sich auf die entsprechende Struktureinheit und hier den speziellen Datenbereich begrenzen. So erkennt beispielsweise eine Softwareapplikation ein „W" in der Struktur *Stammdaten/Kennzeichnung* im Datenbereich *Bauteilbezeichnung* als „Wand".

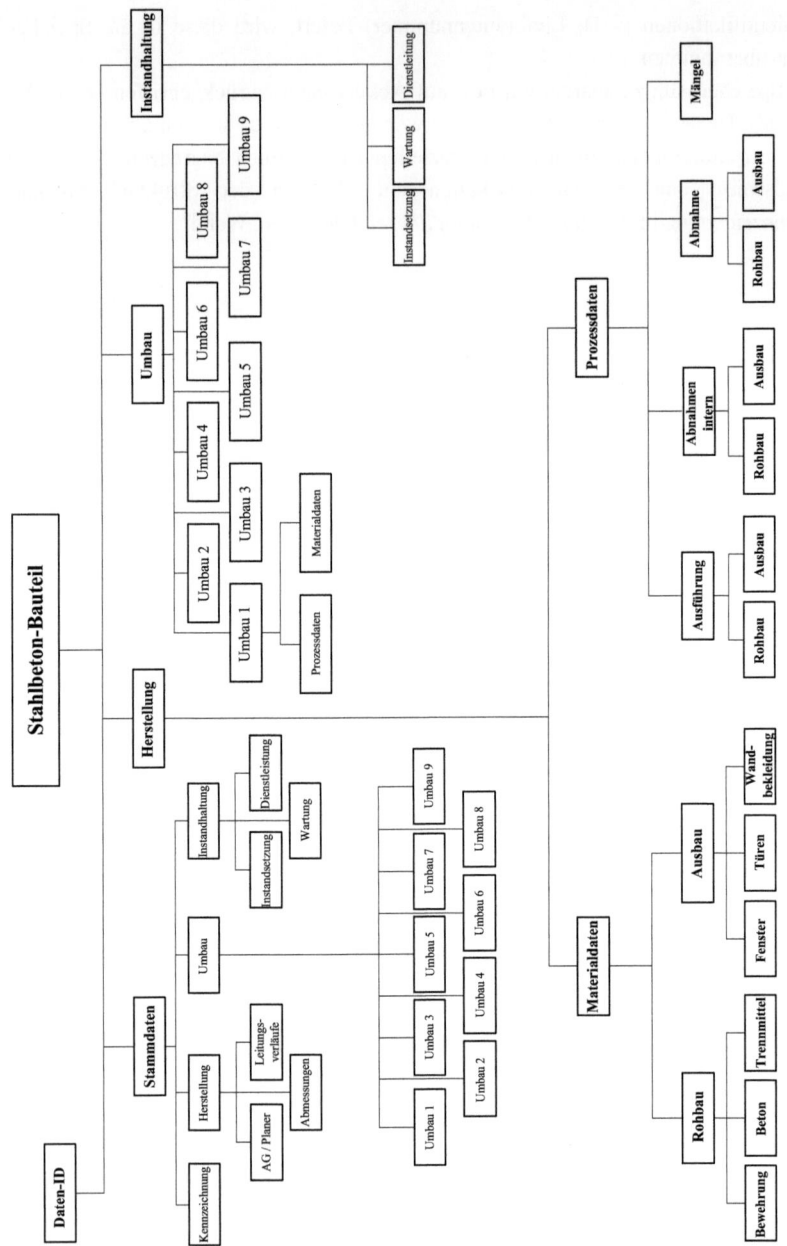

Abbildung 15: Entwurf einer Hauptstruktur des RFID-Speichers am Beispiel Stahlbeton

## 4.3.1.1 Daten-ID

Anhand der Daten-ID erkennt die Middelware, also die Software, die die Daten aus dem Reader für die Anwendungssoftware aufarbeitet, um welche Art von Bauteil (z. B. Stahlbetonbauteil) und damit, um welche Datenstruktur es sich handelt.

## 4.3.1.2 Stammdaten

Bei den Stammdaten handelt es sich um die wichtigsten Kenndaten des Bauteils, wie beispielsweise Bauteilkennung (*„Kennzeichnung"*), Abmessungen, Daten zum Bauherrn sowie zu den Planern unter *„Herstellung"*. Weiterhin sind die wichtigsten Informationen wie beispielsweise Auftraggeber (Ansprechpartner) und Auftragnehmer bei *„Instandhaltung"* sowie die wichtigsten Informationen über Arbeiten beim *„Umbau"* darunter gespeichert.

Unter der „Kennzeichnung" sind die folgenden Informationen zusammengefasst:
- Bauwerk: Adresse zum Bauwerk,
- Bauteilkennung: bauwerksabhängige Bauteilkennzeichnung von maximal 20 Stellen,
- Ebene: Geschosszahl von maximal drei Stellen, auf der sich des Bauteil befindet,
- Raum: Raumnummer (maximal vier Stellen), in welchem sich dieses Bauteil (Halbseite[72]) befindet,
- Bauteilbezeichnung: Benennung (maximal zwei Stellen), ob es sich um eine Stütze, eine Wand, einen Unterzug oder eine Decke handelt, angegeben wird der Anfangsbuchstabe (z. B. „W" für Wand),
- Bauteillage: Himmelsrichtung (maximal zwei Stellen) bezogen auf die Mitte des Raumes, angegeben werden die Anfangsbuchstaben (z. B. S für Süden),
- Ansprechpartner, Hausmeister,
- Informationen über das statische System.

Bei den Stammdaten der *„Herstellung"* wird in Abmessungen, Auftraggeber und Planer sowie in Leitungsverläufe unterschieden. Daten über den Auftraggeber sowie den Architekten und weitere Fachplaner sind unter *„AG / Planer"* zu finden. In der Struktureinheit *„Abmessungen"* sind Angaben über das Bauteil selbst und Angaben über maximal fünf Öffnungen vorgesehen. Dabei sind bei den Abmessungen des Bauteils die folgenden Daten zusammengefasst:
- Länge oben: Länge des Bauteils am oberen Rand, angegeben in Millimeter (maximal fünf Stellen),
- Länge unten: Länge des Bauteils am unteren Rand, angegeben Millimeter (maximal fünf Stellen),

---

[72] Halbseite: die dem Raum zugewandte Seite eines Bauteils – jedes Bauteil weist also zwei Halbseiten auf.

- Höhe links / Höhe rechts: jeweils die Höhe am rechten und am linken Rand des Bauteils, Angaben in Millimeter (jeweils maximal fünf Stellen),
- Dicke: Gesamtdicke des Bauteils in Millimeter (maximal vier Stellen),
- Neigung / Winkel: Neigung des Bauteils in Grad (maximal drei Stellen),
- Krümmung / Radius: Radius des Bauteils in Millimetern (maximal fünf Stellen),
- Sonstige Beschreibung: maximal 2500 Stellen für eine gesonderte Beschreibung, falls die Daten nicht anders erfasst werden können (z. B. Ausführung als Sichtbeton oder als wasserundurchlässiger Beton).

Unter der Teilstruktur Öffnungen sind enthalten:
- Nummer: laufende Nummer mit maximal drei Stellen,
- Art: Art der Öffnung im Bauteil, maximal zwei Stellen, wie zum Beispiel „T" für Tür oder „F" für Fenster,
- Abstand von rechts: Abstand der Öffnung vom rechten Rand des Bauteils, Angaben in Millimeter, maximal fünf Stellen,
- Breite / Höhe: Angaben zur Höhe und zur Breite der Öffnung, Angaben jeweils in Millimeter, jeweils maximal fünf Stellen,
- Brüstungshöhe: Angabe der Brüstungshöhe in Millimetern, maximal fünf Stellen.

Die Angaben zu den „Leitungsverläufe" werden unterteilt in Elektro sowie Heizung/Sanitär. Dabei handelt es sich um Leitungsverläufe hauptsächlich im Bauteil. Im Bereich der Elektroleitungen werden die Verlegebereiche der DIN 18015-3 verwendet. Bei der Heizung und Sanitär werden nur die Bereiche links, rechts, oben oder unten angegeben. Sonstige TGA (z. B. Lüftung) wird nicht berücksichtigt, da diese in der Regel sichtbar verlegt wird.

Die Stammdaten der „Instandhaltung" sind dreifach untergliedert. Unter der „Instandsetzung" sind die Arbeiten an der Wandbekleidung (z. B. Putz- und Mauerarbeiten oder Belagserneuerung) sowie die entsprechenden Arbeiten an Fenstern und Türen (z. B. Beschichtungen ausbessern oder erneuern) zu verstehen. Dazu sind maximal 2 Datensätze vorzuhalten. Kommt ein neuer dritter Datensatz dazu, wird der älteste überschrieben.

Unter dem Punkt „Wartung" sind alle Wartungsverträge der eingebauten Ausrüstungsgegenstände, welche am Bauteil befestigt sind oder sich in unmittelbarer Nähe zum Bauteil befinden, zusammengefasst (z. B. Gastherme oder Feuerschutzklappe). Da es sich um ein Bauteil handelt, wird von maximal fünf Wartungsverträgen ausgegangen. Bei den einzelnen Verträgen werden zusätzlich zu den aktuellen Wartungsunternehmen die jeweiligen Vorgängerunternehmen mit dem Ansprechpartner dokumentiert. Damit besteht die Möglichkeit, bei technischen Fragen direkt Kontakt aufnehmen zu können.

Daten über Dienstleistungen im Raum oder am Bauteil (z. B. Reinigung) sind unter „*Dienstleistungen*" einzutragen. Es besteht die Möglichkeit, fünf unterschiedliche Dienstleistungen am Bauteil beziehungsweise im Raum zu dokumentieren. Erfasst werden dabei die Auftragnehmer mit den Ansprechpersonen. Auf Informationen über Wachdienste wird an dieser Stelle bewusst verzichtet. Sicherheitsrelevanten Informationen, wie beispielsweise welches Sicherheitsunternehmen für die Bewachung des Objektes zuständig ist, sollten nicht am Bauteil vorgehalten werden. Wer diese Informationen benötigt, kann diese über den Ansprechpartner (abgelegt unter Kennzeichnung) erfahren.

Die Stammdaten zu Umbauarbeiten sind unter „*Umbau*" abgelegt. Umbauarbeiten sind Tätigkeiten an der Bauteilstruktur. Zudem zählen die Erneuerung von Fenstern und Türen darunter. Es wird die Annahme getroffen, dass diese umfangreicheren Arbeiten höchstens neunmal im gesamten Lebenszyklus eines Bauteils durchgeführt werden. Diese Anzahl bedeutet bei einer Gebäudenutzungsdauer von 100 Jahren, größere Umbaumaßnahmen aller 10 Jahre (z. B. Fensteraustausch). Die zehnte Umbaumaßnahme entspricht dann dem Abbruch nach 100 Jahren und wird somit nicht berücksichtigt. Die Beschränkung der Anzahl von Umbauarbeiten ist erforderlich, da Teile der Materialdaten und der Prozessdaten nicht überschrieben werden, sondern zusätzlich erfasst werden.

Der Dateninhalt und die Datenstruktur sind analog der Stammdaten der Herstellung. Der Datensatz der Herstellung wird jedoch nicht überschrieben. Es sind nicht für alle neun Umbauarbeiten neue Datensätze geplant. Geht man davon aus, dass die Daten 30 Jahre vorgehalten werden sollen, können dann Datensätze wieder überschrieben werden. Deshalb werden bis zum fünften Umbau neue Datensätze angelegt. Beim sechsten Umbau werden die Datensätze vom ersten Umbau überschrieben. Die Stammdaten der Herstellung bleiben davon unberührt.

### 4.3.1.3 Herstellung

Die Daten der Herstellung sind in die Bereiche *Materialdaten* und *Prozessdaten* unterteilt. Die Aufteilung ist erforderlich, da bestimmte Bereiche nicht überschrieben und andere überschrieben oder fortgeschrieben werden.

Die „*Materialdaten*" werden zwischen den Materialien für den „*Rohbau*" und Materialien für den „*Ausbau*" unterschieden. Dazu werden alle wichtigen Daten der einzelnen Bestandteile, wie zum Beispiel Angaben zu den Herstellern, zu Gütesiegel, über Zulassungen, zu Mengen, über genaue Bezeichnungen, über Hersteller und Ort der Herstellung oder dem Herstellungsdatum abgespeichert. Die Materialdaten des Rohbaues enthalten zusätzlich zu den Daten der Bewehrung, der Betoninhaltsstoffe und des Frischbetons auch Daten über das Trennmittel, da dieses Auswirkungen auf die Oberfläche und gegebenenfalls auf spätere Beschichtungen haben kann.

Die „*Prozessdaten*" sind in die Bereiche *Ausführung, Abnahme intern, Abnahme* und *Mängel* unterteilt. Bei den Punkten *Ausführung, Abnahme intern* und *Abnahme* ist eine weitere Unterteilung in Rohbau und Ausbau vorgesehen. Allgemein sind in dieser Struktureinheit die Geschäftsprozess-Daten zu dokumentieren. Dazu zählen bei der „*Ausführung*" die folgenden Daten:
- die Unternehmen, welche die einzelnen Arbeiten ausführen,
- Zertifizierungen des Unternehmens,
- ID des Arbeiters (Vorarbeiters),
- Zeitpunkt der Arbeiten.

Die „*Abnahme intern*" ist für die einzelnen Unternehmen als so genannte „To Do Liste" und als Nachweis gegenüber dem Generalunternehmer zu verstehen. Weiterhin erfolgt hier die Freigabe durch die Bauleitung für die Folgegewerke.

Unter dem Punkt „*Abnahme*" ist die Abnahme mit dem Bauherren oder dessen Vertreter zu dokumentieren. Dazu werden die Beteiligten und das Datum, sowie eventuelle Freigaben durch den Bauherren erfasst. Außerdem erfolgt hier eine Verknüpfung mit festgestellten Mängeln, welche unter der Struktureinheit „*Mängel*" gesondert beschrieben werden. Die Dokumentation der Mängel erfolgt unter der Struktureinheit „*Mängel*". Für die Erfassung der Mängel pro Bauteil (Halbwandseite) steht Speicherplatz für 20 einzelne Mängel zur Verfügung. Jeder einzelne Mangel wird dabei mit einer kurzen Beschreibung, der genauen Position, der Größe, dem Erfassungsdatum, den beteiligten Personen und eines Termins für die Beseitigung dokumentiert. Weiterhin wird der Mangel als „behoben" oder „nicht behoben" gekennzeichnet.

### 4.3.1.4 Umbau

Es steht Speicherplatz für neun Umbaumaßnahmen am Bauteil zur Verfügung. Sollte dieser Platz nicht ausreichen, sind die Datensätze bei „Umbau 1" beginnend zu überschreiben. Für jede der neun Umbau-Möglichkeiten werden Material und Prozessdaten erfasst. Dabei werden jeweils die Rohbau-Daten (bei Prozess und Material) äquivalent zur Herstellung neu erfasst. Die Daten des Ausbaus werden in die bereits erfasste Struktur der Herstellung eingepflegt und fortgeschrieben.

### 4.3.1.5 Instandhaltung

Wie bereits bei den Stammdaten beschrieben, wird die Instandhaltung in die Gruppen „*Instandsetzung*", „*Wartung*" und „*Dienstleistung*" unterteilt. Bei der „*Instandsetzung*" werden die „Materialdaten – Ausbau" aus der Herstellung überschrieben oder fortgeschrieben. Dies bezieht sich nicht nur auf die Bauteilbekleidung, sondern auch auf Türen oder Fenster. Unter dem Punkt „*Dienstleistungen*" sollen jeweils 10 Ereignisse die Durchführung dokumentieren. Sind die 10 Plätze belegt beginnt das elfte Ereignis das älteste zu überschreiben. Die einzelnen Wartungsarbeiten an Einbauteile (auch Fenstern und Türen) werden unter dem Punkt „*Wartung*" abgelegt. Dazu können pro Wartungsvertrag 50 Ereignisse mit Ergebnissen dokumentiert werden.

### 4.3.2 Anforderung an die Speichergröße

Aus dem vorangegangenen Abschnitt lässt sich der Speicherbedarf in Byte bestimmen. Tabelle 8 stellt das Ergebnis dieser Überlegungen dar.

|  | Daten-ID | Stammdaten | Herstellung | Umbau | Instandhaltung | Σ |
|---|---|---|---|---|---|---|
| Kodierungen | 10 bit | 0 bit | 4.182 bit | 11.808 bit | 0 bit | 16.000 bit |
| ASCII-Zeichen | 0 | 11.456 | 62.213 | 107.487 | 159.050 | 340.206 |

Tabelle 8: Speicheraufteilung eines Transponders im Bauteil

Unter der Annahme, dass der EPC in der Baustoffindustrie eingeführt wird, sollen die EPC-Daten der Baumaterialien wie Company Prefix, Item Reference sowie die Serial Number übernommen werden (siehe Abbildung 16) und in den Speicher des „Intelligenten Bauteils" abgelegt werden. Bei der Herleitung des Speicherbedarfs ist zwischen der Berechnung für den Binärcode (Nullen und Einsen) und Zeichen im ASCII-Code zu unterscheiden. Ein Zeichen (ASCII) entspricht einem Byte. So ergibt sich die Berechnung des Gesamtbedarfes wie folgt:

1 Byte = 8 bit
340.206 Zeichen entsprechen 340.206 Byte → 341 kByte
16.000 bit Kodierung entsprechen 2.000 Byte → 2 kByte
Gesamtspeicherbedarf: 343 kByte
Dies ist jedoch nur der Bedarf für den Herstellungsprozess eines Ortbetonbauteiles. Bei Fertigteilen müssen zusätzlich noch Daten über die Montage erfasst werden. Daher kann eine Forderung nach **400 kByte** als Speicher für realistisch gehalten werden.

| Header | Filter Value | Partition | Company Prefix | Item Reference | Serial Number |
|---|---|---|---|---|---|
| 8 Bit 0011 0000 | 3 Bit | 3 Bit | 20 - 40 Bit | 24 - 4 Bit | 38 Bit |

Abbildung 16: Kodierung der SGTIN-96 (EPC)[73]

Es ist zu überlegen, ob die Klassifizierungen von BauClass zu einem späteren Zeitpunkt einbezogen werden. Dafür spricht, dass alle Baustoffe und Produkte in allgemeine Produktgruppen, in Merkmale und Ausprägungen unterschieden werden. Jeder

---

[73] vgl. Finkenzeller 2006. S. 312

Klasse ist dabei eine Zahlenkombination zugeordnet. Ist diese Klassifizierung (BauClass) hinreichend ausgebaut und als Standard von der Wirtschaft anerkannt, dann ist es erforderlich, diese Kennungen ins „Intelligente Bauteil" zu übernehmen. Dem ist jedoch entgegenzusetzen, dass die Forschung zu BauClass noch nicht abgeschlossen ist und bis 2010 weiterläuft. Momentan gibt es zudem nur eine geringe Anzahl von Baustoffen und Bauprodukten, die in BauClass erfasst sind. Ein weiteres Problem ist, dass die Produktgruppen-ID noch geändert werden können und Teilungen von Produktgruppen möglich sind. Da die ID mindestens vierstellig ist, ist zudem ein größerer Speicherbedarf zu erwarten.

**Anforderung A1 an Hardware**
Speichergröße 400 kByte

### 4.3.3 Sicherheit der Daten

Der Mehrwert des „Intelligenten Bauteils" in der Nutzungsphase ist vor allem das Auslesen wichtiger Informationen oder die Nutzung der Bauteil-ID. Im Lebenszyklus eines Bauwerkes ist mit einer großen Zahl von Nutzern zu rechnen. Sie alle haben unterschiedliche Interessen und benötigen unterschiedliche Daten über die genutzten Räume oder das genutzte Bauwerk. Durch die Strukturierung nach Stammdaten und Herstelldaten (mit jeweiliger Unterstruktur) ist es möglich, eine plausible Verwaltung der Zugriffsrechte zu generieren. So kann jeder die für ihn bestimmten Daten am Bauteil auslesen und gegebenenfalls bearbeiten, jedoch nicht die Daten anderer Zuständigkeitsbereiche. So ist es auch ein sicherer Qualitätsnachweis, wenn Daten wie ein Abnahmeprotokoll nur von bestimmten Beteiligten, wie dem Architekten, auf die Transponder geschrieben werden dürfen. Eine gezielte Rechteverwaltung vermeidet außerdem eine Datenüberflutung des Nutzers.

**Anforderung A2 an Hardware**
Rechteverwaltung unumgänglich

# 5 Praktischer Nachweis ausgewählter Randbedingungen

## 5.1 Versuchsplanung

Die Randbedingungen, die bisher festgelegt wurden, müssen nun in der Praxis überprüft werden. Sie werden dabei in umfangreichen Versuchen einzeln und danach in ihren möglichen Kombinationen untersucht. Außerdem wird geprüft, wie die verschiedenen Transponder und Lesegeräte miteinander arbeiten, denn hier sind zum Teil große Abweichungen in den Lesereichweiten zu erwarten.

### 5.1.1 Vorüberlegungen zum Einsatz der RFID-Transponder in Bauteilen

#### 5.1.1.1 Technik/Hardware

*5.1.1.1.1 Energieversorgung der Transponder - passive und aktive*

Eine wichtige Unterscheidung der Transponder erfolgt über die Art der Energieversorgung. Dabei unterscheidet man in aktive und passive Systeme (vgl. Kapitel 2.3.3.2). Jedes System hat dabei seine Berechtigung und Einsatzgebiete. So können aktive und semi-aktive Transponder für den Einsatz von Sensoren eine große Bedeutung haben.

Wie in Kapitel 2.3.3.2.4 angegeben, ist die Batterie der maßgebende Faktor für die Lebensdauer der Transponder. Da die Transponder jedoch fest in die Bauteile eingebaut werden sollen, ist ein späterer Austausch von Batterien nicht möglich.

Mit passiven Transpondern sind die in diesem Forschungsprojekt geforderten Lese- und Schreibreichweiten (vgl. Abschnitt 5.1.1.1.7) erreichbar und machen damit den Einsatz von aktiven und semi-aktiven Transpondern entbehrlich. Noch ist die Entwicklung der Sensorik im UHF-Bereich am Anfang. Aus diesem Grund bleibt abzuwarten, in welcher Form die Sensorik mit passiven Transpondern verbunden werden kann. Die Kosten dafür spielen, wie im Kapitel 2.3.4 beschrieben, eine eher untergeordnete Rolle

**Ergebnis:**
Unter Beachtung der angegebenen Randbedingungen sollen passive Transponder zum Einsatz kommen.

**Anforderung A3 an Hardware**
Passive Transponder

*5.1.1.1.2 Arbeitsfrequenz der Transponder*

Um den Umgang mit dem RFID-System auf der Baustelle zu erleichtern, und Verwechslungen beim Einbau der Transponder zu verhindern, ist es wichtig, ein einheitliches System zu verwenden. Ein System, welches für alle Bauteile, gleich aus welchen Materialien sie bestehen, verwendet werden kann.

Ein zweites wesentliches Entscheidungskriterium sind die erforderlichen Schreib- und Leseentfernungen. Diese Eigenschaften können mit aktiven Transpondern maßgebend beeinflusst werden. So können durch eine Energieversorgung *im* Transponder größere Lese- und Schreibentfernungen erreicht werden. Da die Lebensdauer der Transponder bei den anvisierten Anwendungen den Nutzungsjahren der Bauteile entsprechen soll (zumeist mehrere Jahrzehnte) und die Haltbarkeit der Batterien mit max. drei Jahren deutlich geringer ist, können nur passive Transponder, in Ausnahmefällen semiaktive Transponder, zum Einsatz kommen.

Die in Kapitel 2.3.3.2 erwähnten Nullstellen im Kopplungsbereich[74], spielen für die untersuchte Anwendung eine untergeordnete Rolle. Im Projekt wird davon ausgegangen, dass sich der Nutzer mit den mobilen Handgeräten 1,0 bis 2,0 m vor dem Bauteil befindet. Bei diesen Abständen sind Auslöschungen eher selten oder sehr klein. Leichte Bewegungen reichen aus, um diese Nullstellen zu umgehen.

**Ergebnis:**

Unter Beachtung der oben angegebenen physikalischen Grundlagen und der Anforderung der passiven Energieversorgung kann die Wahl der Arbeitsfrequenz nur zu einem UHF-System führen. Die Lese- und Schreibentfernungen nehmen mit der Frequenz zu[75]. Trotz der vielen Einflüsse, denen solch ein System unterlegen ist, ist es in dieser Phase der Forschung die richtige Wahl.

**Anforderung A4 an Hardware**
UHF

*5.1.1.1.3 Bauform und Schutzklassen der Transponder*

Die Bauform der verwendeten Transponder muss so gewählt werden, dass den auftretenden Drücken und Spannungen in den umgebenden Materialien (z. B. Beton) jederzeit schadfrei widerstanden werden kann. Darüber hinaus werden an die Außenhülle der Datenträger hohe Ansprüche bezüglich der Resistenz gegenüber hohen Temperaturen durch Hydratationswärme im Beton (bis zu 100°C) und dem feucht-alkalischen Milieu des Frischbetons gestellt.

**Ergebnis:**

Es wird für den Einbau im Beton ein vergossenes Kunststoffgehäuse und dementsprechend eine IP-Schutzart von mindestens IP 67 gefordert. Dies bedeutet nach Kapitel 2.3.3.4 vollständiger Berührungsschutz und Schutz vor Staubeintritt (Ziffer 6) sowie der Schutz bei zeitweiligem Untertauchen in Wasser (Ziffer 7).

**Anforderung A5 an Transponder**
Kunststoffgehäuse, vergossen
IP 67

---

[74] d.h. die Stellen im Lesereich, in den die Transponder nicht ausgelesen werden können.
[75] vgl. Westenberg 2006. S. 15

## 5.1 Versuchsplanung

### 5.1.1.1.4 Temperaturbeanspruchung der Transponder

Aus dem Einsatz im Beton entstehen ganz spezielle Temperaturanforderungen für die Transponder. Sie werden im Randbereich der Bauteile eingebaut, innerhalb der so genannten Betondeckung, wo die Temperaturen aus der Hydratation bis zu 80°C erreichen. Schon beim Einbau ist der Transponder Temperaturen bis zu 70-80°C ausgesetzt, wenn er im Sommer in der dunklen Schalung auf der Bewehrung montiert der Sonne ausgesetzt ist. Im Winter dagegen sind in einigen Regionen durchaus Temperaturen bis zu -20°C zu erwarten.

Bei einem Brand treten Temperaturen von bis zu 1000°C auf. Beton hat eine schlechte Wärmeleitung, doch bei langer Branddauer können im Randbereich 600°C und mehr erreicht werden [76]. Für die Betrachtung der Anforderungen an die Transponder bleibt diese Temperaturbelastung jedoch unbeachtet.

**Anforderung A6 an Transponder**
Temperaturbereich -20°C / +100°C

### 5.1.1.1.5 Bauform und Schutzklassen der Reader

Da die Reader auf der Baustelle eingesetzt werden sollen, müssen sie tragbar, leicht und handlich sein. Kleine Geräte in der Größe von PDAs sind für den UHF-Frequenzbereich auf dem Markt derzeit noch nicht verfügbar. Für andere Frequenzen sind die ersten Handys mit Readermodulen ausgestattet.[77]

Bedingt durch den Einsatz auf der Baustelle müssen die Reader eine Schutzart von mindestens IP 6y erfüllen. Das Untertauchen der Geräte unter Wasser wird wohl nur mutwillig erfolgen, daher wird ein Spritzwasserschutz gemäß IP x4 als ausreichend betrachtet.

**Anforderung A7 an Reader**
mobil, klein
IP 64

### 5.1.1.1.6 Temperaturbeanspruchung der Reader

Während dem Einsatz auf den Baustellen sind die Reader Temperaturen von -10 bis +30°C ausgesetzt. Berücksichtigt man jedoch das Aufheizen, wenn die Geräte in der direkten Sonne liegen, so müssen sie durchaus bis zu 80°C aushalten.

**Anforderung A8 an Reader**
Temperaturbereich -20°C / +80°C

### 5.1.1.1.7 Schreib- und Lesereichweiten

Das Lesen und Beschreiben der Transponder von außerhalb der Räume, zu denen das Bauteil gehört, ist weder nötig noch sinnvoll. Es würde zu Verwechslungen und Informationsüberflutung führen. Zudem muss bei Prozessen wie der Abnahme eines Bau-

---

[76] vgl. Kordina u. Meyer-Ottens 1999. S. 66 ff.
[77] vgl. heise online 2008. Meldung 106511

teils Sichtkontakt zum Bauteil bestehen. Es wird daher eine Lese- und Schreibreichweite von ein bis zwei Metern empfohlen.

**Anforderung A9 an Hardware**
Schreib- und Leseentfernungen: 1,00 – 2,00 m

#### 5.1.1.1.8 Schreib- und Lesegeschwindigkeit

Die Ergänzung von Daten, die beispielsweise in Baubesprechungen entstanden sind und ins Computersystem eingepflegt wurden, sollen „im Vorbeigehen" auf den Transpondern gespeichert werden können. Dabei dauert es erwartungsgemäß länger, wenn die Speicherkapazität bzw. die Menge der Daten, die gelesen oder geschrieben werden muss, größer ist. Es gilt also, die Datenmenge und somit die Lese- und Schreibgeschwindigkeit zu optimieren.

Da immer nur ein kleiner Teil gelesen oder beschrieben werden kann, nämlich immer eine Struktureinheit (siehe Abschnitt 4.3.1), handelt es sich um 650 Zeichen, was 650 Byte entspricht. Dazu kommen noch die 10 Bit der Daten-ID, die gelesen und geschrieben werden müssen. Materialdaten bleiben hiervon jedoch vorerst unberücksichtigt.

Auch ein Aufmaß „im Durchmarsch" ist nur möglich, wenn beim Vorbeigehen alle Transponder sicher ausgelesen werden können. Die Schrittgeschwindigkeit ist in etwa mit vier bis sieben Kilometern pro Stunde anzunehmen (entspricht ca. 67 – 117 m/min)[78]. Erste Versuche haben gezeigt, dass diese Geschwindigkeit zu hoch ist, und auf ca. 8 cm/s (in etwa 5 m/min) verringert werden muss.

**Ergebnis:**

Insgesamt ergibt sich eine Summe von 650 Byte + 650 Byte = 1300 Byte (10 400 Bit), zuzüglich 10 bit (Daten-ID), also 10 410 Bit, die "auf einmal" verarbeitet werden müssen. Der dafür verfügbare Zeitraum beträgt gemäß den gemessenen Kopplungskurven[79] ca. 0,2 Sekunden. Dies kommt einer Datenrate von ca. 52 050 Bit/s, also 52 kbit/s, gleich. Daraus ermittelt sich die notwendige Lesegeschwindigkeit von 40/160 kbps[80].

**Anforderung A10 an Hardware**
Schreib- und Lesegeschwindigkeiten: 40/160 kbps

#### 5.1.1.2 Anforderungen aus dem Einbau (Betonwand)

Da die zahlenmäßig exakte Erfassung aller Einflüsse aus Reflexionen, Beugung, Brechung, Absorption und Freiraumdämpfung durch der Komplexität der Umweltbedingungen nur mit sehr hohem Aufwand möglich ist, sollte von einer rechnerischen Erfassung abgesehen werden. Eine Näherung kann mit Hilfe einer Simulation erfolgen, wie sie häufig bei der Planung von Mobilfunknetzen verwendet wird. Je nach Anwen-

---

[78] Keine genaue Definition, festgelegt durch verschiedene Oberlandesgerichte (z. B. OLG Köln, VRS 68, 382 - Az. Ss 782/84)

[79] Zwischen 20 und 40 cm Breite.

[80] vgl. RFID-Guide, Fraunhofer IMS, Herr vom Bögel, Abb. 14

dungsort müssen neue Szenarien modelliert werden. Dabei ist zu beachten, dass es sich hierbei um Annäherungen handelt. In einem Computermodell können nicht alle tatsächlich auftretenden Beeinflussungen berücksichtigt werden.

Da die UHF-Transponder im Beton eingebaut werden sollen, muss eine Modellierung des Baustoffes Beton erfolgen. Beton ist ein Gemisch aus verschiedenen Bestandteilen, darum müsste hier eine sehr variable Modellierung erfolgen. Die Zusammensetzung lässt sich mathematisch nur schwer exakt beschreiben, daher sind statistische Ergebnisse zu erwarten. Neben der Inhomogenität des Betons muss in der Modellierung auch Art, Lage und Menge der Bewehrung berücksichtigt werden.

### 5.1.1.2.1 Gesteinskörnungen

Die Verwendung von Gesteinskörnungen wird in der Norm DIN EN 12620:2002 geregelt. Gesteinskörnungen können nach verschiedenen Kriterien eingeteilt werden:
- Herkunft (natürlich, künstlich, recycelt)
- Rohdichte (leicht, normal, schwer)
- Korngröße (grob, fein, Mehlkorn)
- Kornform (gebrochen, natürlich gerundet)

Für den Einfluss auf die Auslesbarkeit bei UHF-Systemen müssen die Dämpfungsfaktoren betrachtet werden. Dabei ist zwischen gebrochenem oder rundem Korn zu unterscheiden, da die Kornform ein unterschiedliches Reflexionsverhalten hervorruft. Auch die Art der Gesteinskörnung hat einen Einfluss auf die Reflexion. So reflektiert z. B. reiner Basalt 8 bis 13 %, Quarzit 30 bis 55 % und Marmor zwischen 17 und 70 % der auftreffenden elektromagnetischen Wellen im Lichtwellenbereich.[81]

Außerdem ist bei gebrochenem Korn ein Einfluss auf die Dämpfung durch Beugungserscheinungen möglich. Zusätzlich kann die Sieblinie[82] einen Einfluss auf die Streuung der Wellen haben. Je mehr feinkörnige Bestandteile vorhanden sind, desto größer wird der Anteil der Streuung.

### 5.1.1.2.2 Zement

Die Einteilung der Zemente erfolgt nach DIN EN 197-1 in fünf Hauptarten: Portlandzement (CEM I), Portlandkompositzement (CEM II), Hochofenzement (CEM III), Puzzolanzement (CEM IV) und Kompositzement (CEM V).

Die Einteilung basiert auf der Zusammensetzung des Zementes aus Haupt- und Nebenbestandteilen. Die Nebenbestandteile umfassen fein zerkleinerte anorganische, mineralische Stoffe aus der Klinkerproduktion oder unbeabsichtigte Beimischungen an-

---

[81] vgl. Götze 2006. S. 21.
[82] Sieblinie: Abstufung der einzelnen Korngrößenanteile

derer Hauptbestandteile.[83] Nebenbestandteile machen insgesamt maximal 5 Masse-% aus. Eine Beeinflussung der Transponderauslesbarkeit ist aufgrund der Art der Nebenbestandteile und deren Menge nicht zu erwarten.

Die Zusammensetzung der Hauptbestandteile erfolgt nach Vorgaben der Norm. Portlandzementklinker ist in jedem Zement als Bestandteil enthalten. Eine Beeinflussung magnetischer und elektromagnetischer Felder ist von diesem Bestandteil nicht zu erwarten. Das gleiche gilt für Puzzolane, Flugaschen, gebrannten Schiefer, Kalkstein und Silicastaub.

*5.1.1.2.3 Wasser*

Für die Betonherstellung kann Trinkwasser, natürliches Wasser (z. B. Fluss-, Quelloder Seewasser) oder Restwasser verwendet werden. Für die Verwendung von Restwasser gelten spezielle Auflagen.[84] Da Restwasser nur Bestandteile des normalen Betons beinhalten darf, muss darauf nicht weiter eingegangen werden. Natürliche Wässer sind gegebenenfalls auf ihre Tauglichkeit zu überprüfen. Zusätzlich muss eine weitere physikalische Beeinflussung durch verunreinigtes Wasser beachtet werden. Dies ist im Einzelfall zu überprüfen.

Bei Wasser handelt es sich um einen diamagnetischen Stoff, womit die Beeinflussung magnetischer Felder sehr gering ist. Elektromagnetische Wellen hoher Frequenzen werden durch Wasser stark gedämpft. Dies hängt mit dem Dipolcharakter des Wassers zusammen. Die Dielektrizitätszahl von Wasser beträgt ca. 81. Damit lässt sich der Absorptionskoeffizient bestimmen. Die Dielektrizität des Wassers ist stark frequenzabhängig.

Eine Dämpfung durch physikalisch oder chemisch gebundenes Wasser im Beton ist nicht zu erwarten. Chemisch gebundenes Wasser wird in die Kristallstruktur der Minerale fest eingebaut. Es entsteht der so genannte Zementstein. Damit verliert das Wasser sowohl seinen Dipolcharakter als auch die dämpfende Wirkung. Physikalisch gebundenes Wasser befindet sich an der Oberfläche der Kristalle, ist aber nicht fest eingebunden. Das so gebundene Wasser wird häufig als Gelwasser bezeichnet. Es geht aufgrund des Dipolcharakters des Wassers eine adhäsive Bindung mit den CSH-Phasen ein. Durch die Bindung ist die absorbierende Eigenschaft des Wassers eingeschränkt. Die Dämpfung elektromagnetischer Wellen wird also nur durch das freie Wasser in der Porenstruktur beeinflusst.

*5.1.1.2.4 Zusatzmittel*

Betonzusatzmittel beeinflussen gezielt die chemischen oder physikalischen Eigenschaften von Beton. Zusatzmittel können in flüssiger oder Pulverform vorliegen. Be-

---

[83] vgl. Bundesverband der Deutschen Zementindustrie e.V. [Hrsg.] 2006
[84] vgl. DIN EN 1008:2002-10

zogen auf den Zementgehalt sind nur kleine Mengen von Zusatzmitteln zugelassen.[85] Bei der Anwendung sind DIN EN 934, DIN V 20000-100:2002 und DIN V 20000-101:2002 zu beachten.

Es sind 14 Wirkungsgruppen für die Anwendung im Bauwesen zugelassen. Es muss entweder ein CE-Zeichen beziehungsweise ein Ü-Zeichen oder eine bauaufsichtliche Zulassung vorliegen. Die Wirkungsgruppen sind:

Betonverflüssiger (BV), Fließmittel (FM), Luftporenbildner (LP), Dichtungsmittel (DM), Verzögerer (VZ), Erhärtungsbeschleuniger (BE), Erstarrungsbeschleuniger (BE), Erstarrungsbeschleuniger für Spritzbeton (SBE), Einpresshilfen (EH), Stabilisierer (ST), Chromatreduzierer (CR), Recyclinghilfen (RH), Schaumbildner (SB) sowie Verzögerer / Fließmittel (VZ/FM).

Von den Mitteln der Wirkungsgruppen BV, FM, VZ, BE, SBE, EH, ST, CR, RH und VZ/FM wird keine Beeinflussung der Auslesbarkeit erwartet. Aufgrund der geringen Menge und der zum Teil flüchtigen Eigenschaften der Mittel kann der Einfluss auf elektromagnetische Felder vernachlässigt werden.

Bei den Mitteln der Gruppen LP und SB ist ein verringernder Effekt auf die Dämpfungseigenschaften zu erwarten, da die Rohdichte des Verbundwerkstoffes vermindert wird.

Beim Zusatz von Dichtungsmitteln kann voraussichtlich eine Verbesserung der Auslesbarkeit erzielt werden. Das liegt daran, dass im Beton der Anteil von freiem, nicht chemisch oder physikalisch gebundenem Wasser, aufgrund der hydrophobierenden Eigenschaften der Dichtungsmittel reduziert wird.

Ein indirekter Effekt kann durch die Mittel verursacht werden, die eine Reduzierung der Wassermenge in der Betonmischung zur Folge haben. Die Untersuchung, welchen Effekt der w/z-Wert auf die Auslesbarkeit hat, erfolgt in einem der nächsten Schritte.

*5.1.1.2.5 Zusatzstoffe*

Zusatzstoffe werden in zwei Typen untergliedert: Typ I umfasst nahezu inerte Stoffe, wie zum Beispiel Gesteinsmehle oder Farbpigmente. Typ II beinhaltet puzzolanische oder latenthydraulische Zusatzstoffe wie Trass, Silicastaub und Flugasche. Zusatzstoffe müssen in die Stoffraumrechnung mit einbezogen werden. Der Einfluss auf die Zusammensetzung des Betons wird mit einer Berücksichtigung beim Wasserzementwert erreicht.

Eine erhöhte Dämpfung durch Zusatzstoffe ist in begrenztem Maße zu erwarten. Durch die Zugabe von Füllern wird eine bessere Verarbeitbarkeit des Betons erreicht. Gleichzeitig wird die Porenverteilung aufgrund sehr kleiner Durchmesser des Füllers positiv beeinflusst. Dieser Effekt wird insbesondere bei hochfesten Betonen benötigt.

---

[85] 2 bis 50 (70) ml/kg Zement. Bei pulverförmigen Stoffen: g/kg. 70 ml gilt nur für hochfeste Betone und Spritzbeton.

Bei großen Zugabemengen von Füllern wird die Dichtigkeit des Bauteils erhöht, was eine Erhöhung der Dämpfung hervorrufen kann. Werden hingegen Kunststoffdispersionen hinzugefügt, so kann aufgrund des damit verringerten absoluten Wasservolumens eventuell sogar eine Verbesserung der Auslesbarkeit erfolgen.

*5.1.1.2.6 w/z-Wert*

Der Wasserzementwert beschreibt das Verhältnis von Wasser (Zugabewasser und Eigenfeuchte der Zuschläge) zur Menge des verwendeten Zementes. Dabei sind die Zusatzstoffe Silicastaub und Flugasche zu berücksichtigen.[86] Die vollständige Hydratation des Zementes kann nur bei einem ausreichend hohem Wasseranteil erreicht werden. Dieser liegt bei einem w/z-Wert von 38 %. Davon werden ca. 24 % chemisch und 14 % physikalisch im Zementstein gebunden. Wenn der Beton einen höheren w/z-Wert hat, dann verdunstet das überschüssige Wasser während des Hydratationsprozesses oder sammelt sich in den so genannten Kapillarporen. Die Porosität steigt und so sinkt die Dichtigkeit des Betons.

Je nach Anwendungszeitpunkt der RFID-Technologie sind bei elektromagnetischen Wellen verschiedene Effekte zu erwarten. Wird eine Auslesung von Transpondern im Frischbeton vorgenommen, so wird mit steigendem w/z-Wert ein Anstieg der Dämpfung erwartet. Für die Auslesbarkeit im Festbeton wird der gegenteilige Effekt auftreten. Je höher der w/z-Wert des Betons ist, desto geringer ist die Dichte. Geht man von einem ausgehärteten und trockenen Beton aus, so ist die Dichte geringer, je höher der Ausgangswasserzementwert war.[87]

*5.1.1.2.7 Betonklassen*

Die Einteilung des Betons in Klassen erfolgt nach DIN EN 206-1 bzw. DIN 1045-2. Diese werden anhand des Anwendungsfalls festgelegt. Es wird unterschieden in: Expositionsklassen, Konsistenzklassen, Druckfestigkeitsklassen, Rohdichteklassen und Klassen nach dem Größtkorn der Gesteinskörnung.

Die Beeinflussung elektromagnetischer Wellen kann aufgrund der Klasseneinteilung direkt oder indirekt erfolgen. Bei der Einteilung in Expositionsklassen ergeben sich Forderungen an w/z-Werte und Mindestfestigkeitsklassen. Diese beeinflussen neben anderen Faktoren die Dichte des Betongemisches. Wie bereits erläutert wurde, ist bei einer Zunahme der Dichte eine Verschlechterung der Auslesbarkeit zu erwarten. Damit ergeben sich direkte Einflüsse aus der Wahl der Konsistenzklasse. Die Einteilung nach der Rohdichte lässt ebenfalls eine direkte Beurteilung zu. Bei unterschiedlichen Größtkörnungen und sich daraus ergebenden Sieblinien sind Änderungen der Reflexi-

---

[86] Die Änderung der Formel ist DIN EN 206-1:2001-07 oder DIN 1045-2:2001-07 zu entnehmen.

[87] Einfache Nachvollziehbarkeit anhand der Stoffraumrechnung: je mehr Wasser mit einer geringeren Dichte ($\rho_W$ = 1 kg/dm³) als die Gesteinskörnung ($\rho_Z \approx$ 2,6 kg/dm³) in einem m³ Beton ist, desto leichter wird die Mischung.

on, Beugung, Brechung und Streuung der elektromagnetischen Wellen im Beton zu erwarten.

### 5.1.1.2.8 Bewehrung

Aufgrund statischer Berechnungen muss Bewehrungsstahl in die Betonbauteile eingebaut werden. Der Bewehrungsgehalt wird vom Statiker festgelegt. Der Einbau kann, ebenfalls nach Anweisung des Statikers, mit verschiedenen Durchmessern, Abständen und Lagenzahlen erfolgen. Für Bewehrung gilt neben der DIN 1045 die DIN 488.

Eine Beeinflussung elektromagnetischer Wellen durch die Bewehrung ist sehr groß. Die elektrischen Wechselfelder regen in der Bewehrung eine Bewegung der Ladung an. Damit ergibt sich im Inneren eine Gegenladung, die das äußere elektrische Feld reduziert. Je höher der Durchmesser der Bewehrung ist, desto besser ist die Abschirmung. Mit steigender Frequenz wird die Abschirmung schwächer. Werden die Abstände zwischen den Bewehrungsstäben verringert, so nimmt die Schirmdämpfung[88] zu.[89] Grund dafür sind die durch Induktion entstehenden Ströme, die wiederum ein magnetisches Feld erzeugen, das nach der Lenzschen Regel seiner Entstehung entgegenwirkt. Damit wird der magnetische Anteil des Feldes geschwächt. Dieser Effekt nimmt mit steigender Frequenz zu.[90] Bei genügend engem Abstand der Bewehrungsstäbe wird die Kommunikation zwischen Transponder und Reader vollständig unterbunden.[91]

Da die Bewehrungsgehalte (Stabdurchmesser und Abstände) stark variieren und nicht standardisiert sind, wird empfohlen, die Transponder auf bzw. vor der Bewehrung zu befestigen. Somit befindet sich der Stahl hinter dem Transponder. Damit die Daten des Bauteils auch auf beiden Seiten des Bauteils sicher lesbar sind, ist es erforderlich, 2 Transponder pro Bauteil einzusetzen. Dieser Ansatz unterstützt das so genannte Halbwandverfahren (Sichtweise Raumbuch).

**Anforderung B1 an Einbaustelle:**
2 Transponder pro Bauteil
Halbwandverfahren
Transponder auf der Bewehrung

**Anforderung A11 an Hardware:**
Transponder speziell für den Einsatz auf Stahl

---

[88] Schirmdämpfung bezeichnet die Dämpfungseigenschaften eines Materials oder Materialgemisches zwischen Sender und Empfänger.
[89] Die Maschenweite muss gegenüber der Wellenlänge klein sein, damit steigt die Dämpfung. vgl. Pauli & Moldan 2003. S. 18.
[90] vgl. Kuypers 2003. S. 154 f.
[91] Bei einer Frequenz von 2 GHz reicht ein Abstand der Bewehrungsstäbe von ca. 5 cm aus, um eine Rückübertragung des ausgesendeten Signals zu unterbinden. vgl. Flohrer 1999. S. 40

### 5.1.1.2.9 Betondeckung

Als Betondeckung wird der Abstand zwischen Bewehrung und Bauteiloberfläche bezeichnet. Die Betondeckung wird nach DIN 1045-1:2001 vom Planer festgelegt. Sie dient dem Schutz der Bewehrung vor Korrosion und sichert die Verbundwirkung zwischen Beton und Bewehrung. Außerdem schützt sie die Bewehrung vor Brandeinwirkungen. Dazu sind die Normen DIN 4102-2 und DIN 4102-4 zu beachten. Aus diesen können sich höhere Betondeckungen ergeben, als statisch nötig sind.

Bei UHF-Frequenzen spielt die Betondeckung keine große Rolle. Je stärker die Betondeckung ist, desto höher wird die Dämpfung.

### 5.1.1.2.10 Schalung

Der Einfluss der Schalung bedarf genauerer Untersuchung, wenn eine Auslesung im Frischbeton erfolgen soll. Wird der Betrieb des Systems im Festbeton angestrebt, so spielt lediglich die Struktur der Schalhaut eine Rolle. Dies wird im nächsten Kapitel zum Thema Oberflächenbeschaffenheit behandelt.

Bei einem Betrieb auf der Frequenz 868 MHz spielt die Dicke der Schalhaut, sofern Sie nicht aus Stahl, sondern Holz oder Kunststoff bestehet, eine untergeordnete Rolle. Allerdings ist eine Beeinflussung durch Metall an der Schalkonstruktion zu erwarten. Dabei sind neben der Reflexion auch gleichzeitig Transmission, Streuung sowie Beugung zu berücksichtigen. Befindet sich ein Transponder direkt hinter einem solchen Stahlrahmen einer Schalung, dann werden die elektromagnetischen Wellen abgeschirmt. Dieser Transponder ist zumindest von vorn nicht lesbar.

Elektromagnetische Wellen werden an Gegenständen und Objekten jeder Art reflektiert. Das Maß, wie stark eine Welle reflektiert wird, hängt dabei von der Form und Größe, der Oberfläche und dem Reflexionsvermögen des Objektes sowie von der Frequenz beziehungsweise der Wellenlänge ab. Weiterhin spielt der Auftreffwinkel der Wellenfront eine bedeutende Rolle. Bei den Abmessungen der Objekte wird in die drei folgenden Klassen unterschieden:

- Rayleigh-Bereich: die Objektabmessungen sind kleiner als die halbe Wellenlänge und sind, sofern sie kleiner als $0{,}1*\lambda$ sind, vernachlässigbar.
- Resonanz-Bereich: die Objektabmessungen entsprechen der Wellenlänge.
- Optischer Bereich: die Objektabmessungen sind deutlich größer als die Wellenlänge und sind zu berücksichtigen.

Die Wellenlänge wird aus der Lichtgeschwindigkeit c und der Frequenz f berechnet.

$$\lambda = \frac{c}{f} \tag{1}$$

Das bei den Versuchen verwendete System arbeitet mit einer Frequenz von 866 MHz, was einer Wellenlänge von 34,6 cm entspricht.

## 5.1 Versuchsplanung

Objekte mit Abmessungen von 0,1*λ werden in den so genannten Rayleigh-Bereich eingeordnet und können in der Praxis vollständig vernachlässigt werden[92]. Das bedeutet, dass Objekte mit einer Kantenlänge von ≤ 3,4 cm keine Bedeutung bezüglich der Reflexion haben. In den Rayleigh-Bereich zählen weiterhin Objekte, deren Abmessung maximal die halbe Wellenlänge beträgt, also maximale Abmessungen von 17,3 cm aufweist.

Die Tiefen der üblichen Schalungsrahmen überschreiten dieses Maß nicht. Dies lässt darauf schließen, dass die Reflektion im Stahlrahmen (Abbildung 28 auf Seite 73) vernachlässigt werden kann. Außerdem treten durch Überlagerung der Wellen Auslöschungen auf. Da die Reflektion eher gering sein wird, kann davon ausgegangen werden, dass auch die Auslöschungen nur vereinzelt auftreten werden.

### 5.1.1.1.2.11 Oberflächenbeschaffenheit

Die Oberflächenbeschaffenheit der Betonfläche hängt direkt von der verwendeten Schalhaut ab. Vor dem Einsatz werden die Schalhäute mit einem Trennmittel beschichtet. Der Einfluss von Trennmitteln wird im nächsten Kapitel behandelt.

Es können Oberflächen in Sichtbetonqualität oder noch zu verkleidende raue Oberflächen entstehen. Bei der Sichtbetonqualität lassen sich neben glatten, möglichst gleichmäßigen und porenarmen Oberflächen auch strukturierte Oberflächen erzeugen. Dazu können zum Beispiel Matrizen[93] verwendet werden. Bei glatten Oberflächen kann eine Verwendung von saugender oder nicht saugender Schalung angeordnet werden, wodurch die Qualität und Dauerhaftigkeit der Betonoberfläche beeinflusst wird. Bei nicht saugender Schalung findet eine Erhöhung des w/z-Wertes und der Feinanteile an der Oberfläche statt. Dies beeinträchtigt die Dauerhaftigkeit massiv.

Neben dem Einfluss der Schalhaut hat auch die Art und Dauer der Nachbehandlung und der nachträglichen Bearbeitung einen Einfluss auf die Oberfläche. Der Einfluss von Nachbehandlungsmittel wird im nächsten Kapitel untersucht. Die nachträgliche Bearbeitung von Beton kann sehr unterschiedlich sein. Bearbeitungsmethoden sind beispielsweise: Auswaschen des oberflächennahen Zementleims, Feinwaschen oder Absäuern, Sand- oder Hochdruckwasserstrahlen, Flammstrahlen, Schleifen und Steinmetzarbeiten (Spitzen, Stocken und Scharieren).

UHF-Systeme werden durch die Oberflächenstruktur deutlich beeinflusst. Aufgrund der Streuungserscheinungen muss davon ausgegangen werden, dass bei rauen Strukturen ein erhöhter Verlust an Strahlungsenergie auftritt.[94] Die Streuung kann sowohl

---

[92] vgl. Finkenzeller 2006. S. 126
[93] Matrizen: Kunststoffformen, mit denen die Oberfläche von Beton gestaltet werden kann. Werden i. Allg. auf der Schalung befestigt.
[94] vgl. Geng u. Wiesbeck 1998. S. 72 ff.

durch die Struktur der Oberfläche (z. B. Waschbeton, scharierter Beton) als auch durch die Porigkeit beeinflusst werden.

#### 5.1.1.2.12 Bauhilfsstoffe

Zu den Bauhilfsstoffen zählen Trennmittel, Nachbehandlungsmittel und sonstige chemische Hilfsstoffe.

Trennmittel werden eingesetzt, um die Schalung einfacher vom erhärteten Beton lösen zu können. Das Trennmittel wird im Regelfall vor dem Stellen der Schalung dünn auf die Schalhaut aufgetragen. Die Dosierung erfolgt sparsam, es sollte sich nur ein dünner Film auf der Schalung bilden. Das Herablaufen von Trennmitteln beim Aufstellen der Schalung ist zu vermeiden, da ansonsten eine ungleichmäßige Oberfläche entstehen kann. Ebenfalls vor dem Betoniergang müssen Mittel aufgetragen werden, die nur an der Oberfläche wirken sollen. Als Beispiel wäre hier ein Erstarrungsverzögerer zu nennen, wenn Waschbeton hergestellt werden soll.

Die Art und Dauer der Nachbehandlung des Betons ist in der DIN 1045 definiert. Eine Nachbehandlung ist nötig, um schädigende Einflüsse auf den jungen Beton zu minimieren. Der Beton ist vor dem Austrocknen, vor zu hohen oder zu niedrigen Temperaturen sowie vor Erschütterungen und Auswaschungen zu schützen. Da die Schalung in der Praxis relativ schnell wieder benötigt wird, muss nach dem Ausschalen mit anderen Mitteln für die adäquate Nachbehandlung des Betons gesorgt werden. Dazu stehen für die einzelnen Gefährdungspotenziale verschiedene Mittel, wie zum Beispiel die Anwendung von Wasser, Folie oder Nachbehandlungsmittel zur Verfügung.

Der Einfluss auf die Lesbarkeit der UHF-Systeme ist als sehr gering einzuschätzen. Trennmittel befinden sich nur während des Betoniervorgangs in Kontakt mit dem Beton. Es ist davon auszugehen, dass sich nach dem Ausschalen nur geringe Teile des Trennmittels auf der Betonoberfläche befinden. Chemische Mittel wie Abbindeverzögerer werden während der Nachbearbeitung vollständig vom Beton entfernt. Der dünn aufgetragene Film bei der Nachbehandlung ist nur temporär, so dass kein bleibender Einfluss zu erwarten ist. Es wird davon ausgegangen, dass der Einfluss auch bei einer Auslesung aus dem Frischbeton vernachlässigt werden kann, da die Mittel in der Regel weder magnetische noch ausgeprägte elektrische Eigenschaften besitzen.

#### 5.1.1.2.13 Strom- und Wasserleitungen

Stromleitungen beeinflussen den Ablauf des Energie- und Datenaustausches zwischen Transponder und Lesegerät maximal durch das Magnetfeld, das sich um stromführende Leitungen ausbildet. Da jedoch Energie und Daten bei dem gewählten Frequenzbereich (UHF) zum überwiegenden Teil über das elektrische Feld übertragen werden, welches nicht durch magnetische Felder beeinflusst wird, ist keine Beeinträchtigung durch

## 5.1 Versuchsplanung

Stromleitungen zu erwarten. Bestätigt wird diese Annahme durch die Störfeldmessungen[95], die vor Beginn der eigentlichen Versuche durchgeführt wurden.

Ebenso zeigt später der Versuch V15 keinen wesentlichen Unterschied zu den Referenzversuchen (V02, V03, V04; Kapitel 5.3.1).

Sofern sich die Transponder nicht in oder direkt hinter einem mit Flüssigkeit gefüllten Körper (im Sinne einer Wasserleitung) befinden, wird die Lesbarkeit nicht beeinflusst. Die Störfeldmessung[96] im Vorfeld der späteren Versuche untermauert diese Aussage.

Zu berücksichtigen bleiben die Verlegemethoden der Elektro- und Wasserleitungen. Dabei wird unterschieden in Aufputz-, Unterputz- und Rohrinstallation. Damit bei den beiden letztgenannten Verfahren die Leitungen beim späteren Anbringen von Nägeln, Haken oder Schrauben (z. B. bei Bildern, Regalen oder Ähnlichem) nicht beschädigt werden, sind in der DIN 18015-3 Installationszonen vorgegeben. Dabei wird unterschieden in Räume *ohne* Arbeitsflächen vor den Wänden, und in Räume *mit* Arbeitsflächen vor den Wänden.

Die Transponder sind, wie im Kapitel 5.1.1.2.8 empfohlen, auf der Bewehrung zu befestigen und werden somit nur durch die Betondeckung geschützt. Diese wird aber bei der Unterputz- und der Rohrinstallation durch das Ausfräßen der Schlitze beschädigt. Transponder könnten, sofern sie sich innerhalb der Installationszonen befinden, ebenfalls beschädigt werden.

Aus diesem Grund und damit sich die Transponder in der Nutzungsphase nicht hinter gefüllten Schränken befinden, wird empfohlen, den Freiraum oberhalb der mittleren Installationszone zu nutzen. Die somit verbleibenden Flächen können in „geeignete" und „bevorzugte" Flächen für den Einbau von Transpondern unterschieden werden. Sie sind in Abbildung 17 dargestellt.

---

[95] Prüfbericht Nr.: 07-0091 vom 28.3. 07, Elektromagnetischen Verträglichkeit - Messung der elektrischen Störungsfeldstärke RFID

[96] Prüfbericht Nr.: 07-0091 vom 28.3. 07, Elektromagnetischen Verträglichkeit - Messung der elektrischen Störungsfeldstärke RFID

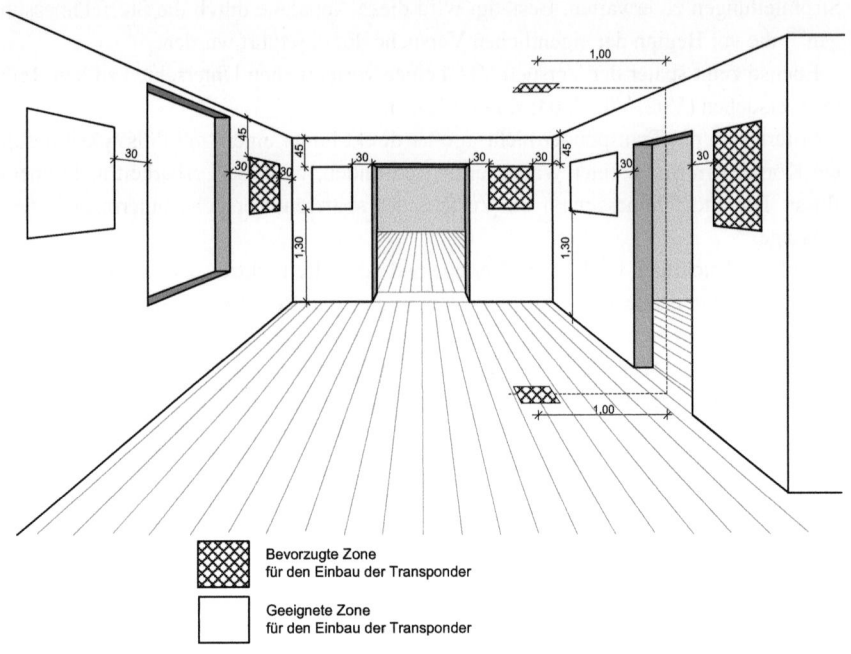

Abbildung 17: Darstellung der geeigneten und bevorzugten Einbaubereiche für Transponder, unter Berücksichtigung der Installationszonen nach DIN 18015-3

**Anforderung B2 an Einbaustelle:**
Bereich horizontal:
oberhalb 1,20 m vom Fertigfußboden unterhalb 0,45 m von der fertigen Decke
Bereich vertikal:
mind. 30 cm neben Rohbaukanten oder -ecken
nicht oberhalb von Steckdosen und Schaltern

*5.1.1.2.14 Kollisionsverhalten*

Kollision tritt zum einen auf, wenn sich mehrere Transponder im elektromagnetischen Feld eines Lesegeräts befinden oder wenn zwei Lesegeräte versuchen, auf den gleichen Transponder zuzugreifen. Im hier betrachteten Szenario wird davon ausgegangen, dass ein Mitarbeiter (Polier oder Bauleiter) mit einem mobilen Endgerät auf den Transponder zugreift. Es werden also in den seltensten Fällen zwei Lesegeräte gleichzeitig einen Transponder auslesen.

Befinden sich mehrere Transponder im Feld eines Lesegeräts, werden unterschiedliche so genannte „Antikollisionsverfahren" eingesetzt. Dabei können Verfahren zur Anwendung kommen, welche durch den Transponder gesteuert werden. Diese Verfahren benötigen sehr viel Zeit und spielen deshalb nur eine untergeordnete Rolle.

In den meisten Fällen wird das Antikollisionsverfahren durch das Lesegerät gesteuert. Dabei wird in zwei wesentliche Kategorien unterschieden. Zum einen das probabilistische oder auch Broadcast-Verfahren und zum anderen die deterministische oder auch Multi-Access Methode.

Bei probabilistischen Zugriffen wird an alle Transponder im Feldbereich ein Signal gesendet und auf die Antwort der Transponder gewartet. Dabei antworten diese Transponder nicht sofort an das Lesegerät, sondern warten eine zufällige Zeit ab und antworten dann dem Lesegerät. Bei diesem Verfahren kann die Kollision zwar nicht ausgeschlossen werden, aber die Wahrscheinlichkeit ist sehr hoch, dass die Lese- und Schreibvorgänge erfolgreich abgeschlossen werden können. Wie hoch diese Wahrscheinlichkeit ist, hängt maßgebend von den verwendeten Algorithmen, wie beispielsweise dem ALOHA oder Slotted-ALOHA Verfahren, ab. Diese Algorithmen werden in [Finkenzeller 2006, S. 220 ff.] beschrieben.

Bei den deterministischen Verfahren[97] greift das Lesegerät nicht zeitgleich auf alle Transponder zu, sondern spricht die Transponder einzeln nacheinander ein. Da dem Lesegerät die Transponder-IDs nicht bekannt sind, arbeitet sich das Lesegerät Schritt für Schritt anhand eines binären Suchsystems durch alle möglichen IDs. Das Lesegerät sendet eine Anfrage mit einem ersten Teil der ID an den Transponder. Bleibt die Antwort des Transponders aus, wird der gesamte Zweig, der mit diesen ersten Stellen der ID beginnt, aus den nächsten Anfragen ausgeschlossen.

---

[97] vgl. Finkenzeller 2006. S. 232 ff.

Bei jedem Verfahren nimmt die Zeit für das Schreiben und Lesen mit der Anzahl der Transponder zu. Um die in Kapitel 5.1.1.1.8 geforderten Schreib- und Lesegeschwindigkeiten zu erzielen, sollte die Anzahl der Transponder auf ein Minimum reduziert werden. Dem folgt der Anspruch, einen Transponder pro Halbseite bzw. zwei pro Bauteil für alle Daten, zum Beispiel auch die der Wandbekleidung, zu verwenden.

Damit keine Kollision der beiden Transponder eines Bauteils entsteht, sind diese jeweils entgegengesetzt anzubringen. Dies wiederum vereinfacht den Standard zur Einbaustelle. Beim Blick auf die jeweilige Bauteilseite (zum Beispiel Wandfläche) befindet sich der Transponder dann immer rechts oder immer links.

Wird von einer normalen Konstruktion ausgegangen, dann können sich in einer Raumecke maximal 3 Transponder im Lesefeld befinden. Dies sind der Transponder der ersten Wand, der der zweiten Wand und der Transponder der Decke.

**Anforderung B3 an Einbaustelle:**
Transponder eines Bauteils diagonal zueinander anordnen

### 5.1.1.2.15 Antennenrichtung oder Richtung des Transponders

Die effektivsten Übertragungsleistungen werden bei gleicher Polarisation (Ausrichtung) der Transponder-Antenne und der Lesegeräte-Antenne erzielt. Wie in Abbildung 18 dargestellt, werden drei Polarisierungsrichtungen unterschieden. Bei der vertikalen Polarisation verlaufen die elektrischen Wellen senkrecht und bei der horizontalen Polarisation vertikal zur Erdoberfläche.

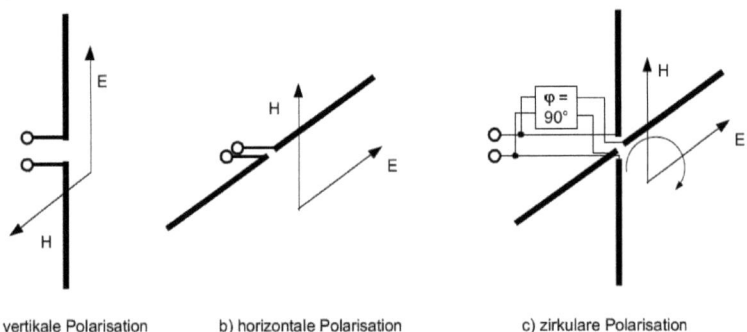

a) vertikale Polarisation    b) horizontale Polarisation    c) zirkulare Polarisation

Abbildung 18: Polarisation von Antennen[98]

Die verwendeten UHF Transponder sind mit linearen Antennen ausgestattet. Die Ausrichtung der Antenne ist somit je nach Anordnung entweder vertikal oder horizontal.

Die Antenne des Lesegeräts, das bei der Messung verwendet wird, ist eine zirkulare Antenne. Damit können die Transponder entweder vertikal oder horizontal am Bauteil befestigt werden.

---

[98] vgl. Finkenzeller 2006. S.124

5.1 Versuchsplanung

Die im Kapitel 3 erläuterten Einsätze der RFID-Technologie während der Bauphase oder der Nutzungsphase bedingen den Einsatz mobiler Lesegeräte. Die Entwicklung dieser Geräte für das UHF-Frequenzband ist noch sehr stark durch Prototypen gekennzeichnet.

Auf dem Markt werden sowohl Geräte mit zirkular polarisierten als auch mit linearen Antennen angeboten. Geräte mit zirkular polarisierten Antennen sind dabei oft recht unhandlich und klobig (vgl. Abbildung 19), während Geräte mit linearen Antennen kleiner und handlicher sind (vgl. Abbildung 20).

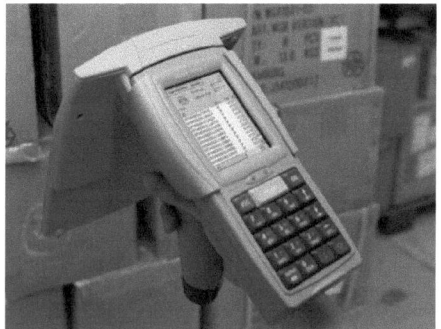
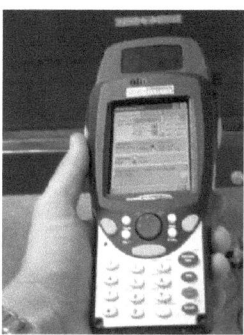

Abbildung 19: Skeye.integral 2 UHF von Höft & Wessel    Abbildung 20: UHF Workabout Pro von Psion Teklogix

Die Antennenform, die Antennenfläche sowie die Antennenausrichtung (sofern die Antenne des Transponders und die Antenne des Readers lineare sind) haben einen sehr großen Einfluss auf die Lesereichweiten.

Falls beide Komponenten eine lineare Antenne besitzen, müssen diese parallel zueinander ausgerichtet werden. Andernfalls sind die Lesereichweiten für die untersuchten Anwendungsfälle inakzeptabel. Die Vorversuche (in Kapitel 5.3.2) werden dies eindrucksvoll bestätigen.

Bei den weiteren Versuchen werden zwei mobile Geräte mit unterschiedlich großen, zirkularen Antennen zum Einsatz kommen. Leider konnte bei beiden Geräten die Sendeleistung nicht manuell eingestellt werden, wodurch die Ergebnisse nicht vergleichbar sind.

**Anforderung A12 an Hardware:**
Kleine Mobile Lesegeräte mit zirkular polarisierter Antenne

*5.1.1.2.16 Einfluss von Brechung*

Da sich die Frequenz einer Welle beim Übergang zwischen zwei Medien nicht ändert, muss sich mit der geänderten Geschwindigkeit auch die Wellenlänge ändern. Hier gilt die Beziehung: $\lambda = \lambda_0 / n$. Der Brechungsindex hängt von der Dielektrizitätszahl $\varepsilon$ und der Permeabilität μ ab. Diese Gößen sind in Medien frequenzabhängig, daraus folgt die Dispersion des Brechungsindexes. Außerdem sind die Stoffparameter Dielektrizität und Permeabilität für die Verwendung in Medien komplex.[99] Es gilt:

$$n(\lambda) = \sqrt{\varepsilon \cdot \mu} \quad (2)$$

Da diese Eigenschaft erst im Bereich der Lichtfrequenzen[100] relevant wird, kann sie bei der weiteren Betrachtung unbeachtet bleiben.[101]

*5.1.1.2.17 Einfluss der Absorption und Dämpfung im Umfeld*

Die Messung der elektrischen Störfeldstärken[102] im Simulationsraum zeigen, dass die Feldstärke mit zunehmender Entfernung abnimmt. Dies ist ein normales, physikalisches Verhalten und bedarf keiner gesonderten Betrachtung.

*5.1.1.2.18 Einfluss der Beugung, Streuung und Interferenzen*

Im Kapitel 5.1.1.2.10 sind die Mechanismen kurz dargestellt. Diese Erscheinungen entstehen vor allem an Objekten mit einem geringen Verhältnis der Wellenlänge zu deren Abmessungen. Da in den einzelnen Phasen verschiedene Umgebungs- oder Umfeldbedingungen herrschen werden, und diese mathematisch nur ungenau abgebildet werden können, sollen diese mit untersucht werden. Dazu sind vergleichende Kopplungskurven im leeren Raum und im Raum mit Maschinen und Geräten aufzunehmen.

### 5.1.1.3 Zusammenfassung der Vorüberlegung und Zusammenstellung der durchzuführenden Versuche

Einflüsse aus den einzelnen Bestandteilen des Betons, sowie einige weitere Einflüsse sind in der folgenden Tabelle zusammengefasst.

---

[99] vgl. Geng u. Wiesbeck 1998. S. 22ff.
[100] Wellenlänge von Licht: ca. 400 nm bis 750 nm. Verwendetet Wellenlänge UHF: 34,5 cm.
[101] vgl. Matzdorf 2006. S. 248
[102] Prüfbericht Nr.: 07-0091 vom 28.3. 07, Elektromagnetischen Verträglichkeit - Messung der elektrischen Störungsfeldstärke RFID

## 5.1 Versuchsplanung

|  | Reflexion (außen) | Interferenz | Dämpfung (innen) |
|---|---|---|---|
| Gesteinskörnungen | 0 | ± | (-) |
| Zement | 0 | 0 | 0 |
| Wasser | 0 | ± | (-) |
| Zusatzmittel | 0 | 0 | (+) |
| Zusatzstoffe | 0 | 0 | ± |
| w/z-Wert | 0 | ± | ± |
| Betonklassen | 0 | 0 | ± |
| Bewehrung | - | - | - |
| Betondeckung | 0 | 0 | 0 |
| Schalung | - | ± | - |
| Oberflächenbeschaffenheit | - | ± | 0 |
| Bauhilfsstoffe | 0 | 0 | 0 |
| Permeabilität Gemisch | (-) | 0 | 0 |
| Dielektrizitätszahl Gemisch | - | 0 | - |
| Dämpfung Gemisch | 0 | 0 | - |
| Reflexion an Hindernissen | ± | ± | 0 |
| zusätzliche Schichten | - | ± | (-) |
| Beschichtungen | (+) | (-) | (+) |
| Trennflächen | (-) | 0 | (-) |
| Metallische Gegenstände | ± | ± | - |
| Störsender | 0 | ± | 0 |
| Klimatische Bedingungen | 0 | ± | 0 |

Tabelle 9: Übersicht über die Einflüsse der Randbedingungen

Erläuterung zur Tabelle:
+ - Einfluss, positiv
0 - kein Einfluss
- - Einfluss, negativ
± - Einfluss, je nach Ursache positiv oder negativ
( ) - Bedingt gültig, Einschränkungen im entsprechenden Unterkapitel

Ziel der Versuche sind Diagramme (Kopplungskurven), welche den Schreib- und Lesebereich der Systeme im Raum wiedergeben. Dabei sind die folgen Randbedingen zu untersuchen: Einbaubedingungen, Umgebungsbedingungen, Antikollisionsverhalten,

Sendeleistungen, unterschiedliche Reader, unterschiedliche Transponder und deren Kombination.

Einbaubedingungen:
- Richtungen der Transponder
- Verschiedene Materialien
  - Stahl
  - Holz (Schalung)
  - Stahlbeton
  - Kalksandstein
  - Ziegel
  - Porenbeton
  - Wasserleitungen
  - Elektroleitungen

Umgebungsbedingungen
Wasser- /Stromleitungen:
- leerer Raum
- Personen im Raum
- Geräte im Raum
- Maschinen (Strom führend) im Raum

Antikollisionsverhalten:
- 1 Transponder
- 3 Transponder

Sendeleistung:
- 0,25 Watt
- 0,5 Watt
- 1,0 Watt

Unterschiedliche Reader:
- Messung mit stationärem System (Harting Lesegerät und Antenne)
- Messungen mit mobilen Geräten (Psion, Höft & Wessel, Microplex)

Unterschiedliche Transponder:
- Messungen mit Transpondern (Deister, Harting, Caen, Wisteq)
- Messungen mit verschiedenen Protokollen (Gen2, Tagidu)

### 5.1.2 Versuchsprogramm

Der Ablauf der Untersuchungen soll schrittweise erfolgen, um Doppelmessungen oder nicht brauchbare Anordnungen von vornherein ausschließen zu können.
Der Ablauf ist dazu wie folgt geplant:

**Versuch V00** - Störfeldmessung: Um die späteren Messungen richtig bewerten zu können ist notwendig, Störfelder im Bereich des Versuchsraumes Bescheid zu ermitteln bzw. auszuschließen. Weiterhin können so Einflüsse von Elektroleitungen und Wasserleitungen bestimmt werden.

**Versuch V01** - Stahl: In diesem Versuch soll die erste Auswahl der Transponder, eine Vorauswahl der mobilen Reader sowie die Richtung der Transponder erfolgen. Die Transponder werden auf Stahl aufgebracht.

**Entscheidung:** Fortsetzung der Versuchsreihen mit dem ausgewählten Transponder.

**Versuch V02** - Holz: Der ausgewählte Transponder wird in den Versuchsaufbau eingebaut. Der Transponder wird direkt auf die Rückseite der Schalhaut (Holz) befestigt. Danach erfolgt die Aufnahme der Kopplungskurve mit einer Sendeleistung von 0,25 W.

**Versuch V03** - Holz: Der Versuchsaufbau entspricht V02. Die Aufnahme der Kopplungskurve erfolgt mit einer Sendeleistung von 0,5 W.

**Versuch V04** - Holz: Der Versuchsaufbau entspricht V02. Die Aufnahme der Kopplungskurve erfolgt mit einer Sendeleistung von 1,0 Watt.

Entscheidung: Festlegen der Sendeleistungen auf zwei Sendestärken (0,5 Watt und 1,0 Watt) für die folgenden Versuche.

**Versuch V05** - Stahlbeton: An der Rückseite der Schalhaut wird ein Betonelement befestigt. Dahinter werden der Transponder sowie ein Bewehrungsgitter angebracht. Die Aufnahme der Kopplungskurve erfolgt mit einer Sendeleistung von 0,5 Watt (Festlegung anhand der Versuche V02, V03 und V04).

**Versuch V06** - Stahlbeton: Der Versuchsaufbau entspricht V05. Die Aufnahme der Kopplungskurve erfolgt mit einer Sendeleistung von 1,0 Watt.

**Versuch V07** - Kalksandstein: An der Rückseite der Schalhaut werden Kalksandsteine befestigt. Der Transponder wird in der Griffmulde eingebaut. Die Aufnahme der Kopplungskurve erfolgt mit einer Sendeleistung von 0,5 Watt.

**Versuch V08** - Kalksandstein: Der Versuchsaufbau entspricht V07. Die Aufnahme der Kopplungskurve erfolgt mit einer Sendeleistung von 1,0 Watt.

**Versuch V09** - Ziegel: An der Rückseite der Schalhaut werden Ziegel beziehungsweise eine U-Schale befestigt. Die Aufnahme der Kopplungskurve erfolgt einer Sendeleistung von 0,5 Watt.

**Versuch V10** - Ziegel: Der Versuchsaufbau entspricht V09. Die Aufnahme der Kopplungskurve erfolgt mit einer Sendeleistung von 1,0 Watt.

**Versuch V11** - Porenbeton: An der Rückseite der Schalhaut werden Porenbetonplatten befestigt. Die Aufnahme der Kopplungskurve erfolgt einer Sendeleistung von 0,5 Watt.

**Versuch V12** - Porenbeton: Der Versuchsaufbau entspricht V11. Die Aufnahme der Kopplungskurve erfolgt mit einer Sendeleistung von 1,0 Watt.

Entscheidung: Erneute Begutachtung der Sendeleistung und Festlegung auf eine Sendeleistung (1,0 Watt)

**Versuch V13** - Antikollision: Es werden drei Transponder mit einem Abstand von 75 cm an der Rückseite der Schalhaut (Holz) befestigt. Die Aufnahme der Kopplungskurve erfolgt mit einer Sendeleistung von 1,0 Watt.

**Versuch V14** - Personen und Geräte: Zur realen Abbildung der Bautätigkeit werden Geräte wie Gerüstteile, eine Stehleiter und ein Kaltwasser-Hochdruckreiniger (ohne Strom) sowie Personen im Versuchsraum platziert. Der Transponder ist wie in den Versuchen V02, V03 und V04, an der Rückseite der Schalhaut befestigt. Die Aufnahme der Kopplungskurve erfolgt mit einer Sendeleistung von 1,0 Watt.

**Versuch V15** - Geräte: Um die Auswirkung von Personen auf das Leseverhalten abzubilden, werden als Vergleich in diesem Versuch nur die Geräte im Raum platziert. Der Transponder ist wie in den Versuchen V02, V03 und V04 an der Rückseite der Schalung befestigt. Die Aufnahme der Kopplungskurve erfolgt mit einer Sendeleistung von 1,0 Watt.

**Versuch V16** - Maschine: Der Versuchsaufbau entspricht dem Versuch V15. Der Kaltwasser-Hochdruckreiniger wird bei diesem Versuch mit Strom versorgt. Die Aufnahme der Kopplungskurve erfolgt mit einer Sendeleistung von 1,0 Watt.

**Versuch V17 und V18** - Mobile Lesegeräte: Für jeden Versuchsaufbau (V02 – V16) werden mit den ausgewählten mobilen Lesegeräten die Lesereichweiten in der Transponderachse ermittelt.

Die Versuchsanordnungen sind in den folgenden Abbildungen dargestellt.

Abbildung 21: Versuche V02, V03 und V04 mit Holz, Transponder an der Schalungsrückseite

## 5.1 Versuchsplanung

Abbildung 22: Versuche V05 und V06 mit Stahlbeton, Transponder hinter Beton und vor Bewehrung

Abbildung 23: Versuche V07 und V08 mit Kalksandstein, Transponder von Kalksandstein umgeben

Abbildung 24: Versuche V09 und V10 mit Ziegel, Transponder von Ziegel umgeben

Abbildung 25: Versuche V11 und V12 mit Porenbeton, Transponder hinter Porenbetonplatte

Abbildung 26: Versuch V13 - Antikollision, 3 Transponder an der Rückseite der Schalung befestigt

Abbildung 27: Versuch V15 - Geräte in unmittelbarer Transponderumgebung

### 5.1.3 Simulationsraum

Um die Versuche nachvollziehbar und vor allen Dingen reproduzierbar zu gestalten wird ein Simulationsraum erstellt und für die Versuche verwendet. Dazu wird auf Schalungsmaterial des Praxispartners Hünnebeck zurückgegriffen. Zum Einsatz kommen Rahmen-Schalungselemente wie in Abbildung 28 dargestellt.

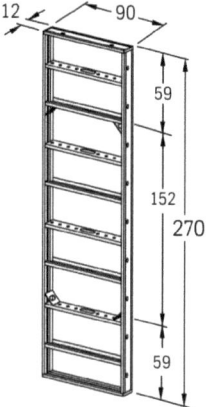

Abbildung 28: Rahmenelement „Rasto", Fa. Hünnebeck

Vorteile dieser Elemente sind der einfache Aufbau sowie das Vorhandensein von Stahl in unmittelbarer Umgebung der Transponder. Die Elemente sind flexibel einsetzbar und können beliebige Räume nachbilden.

Der in Abbildung 29 dargestellte Simulationsraum ist 5,15 m lang und 4,91 m breit (Innenmaße). Er besteht aus Elementen der Rastergröße 50 cm x 270 cm, 55 cm x 270 cm sowie 75 cm x 270 cm, die die Wände eines Gebäudes simulieren.

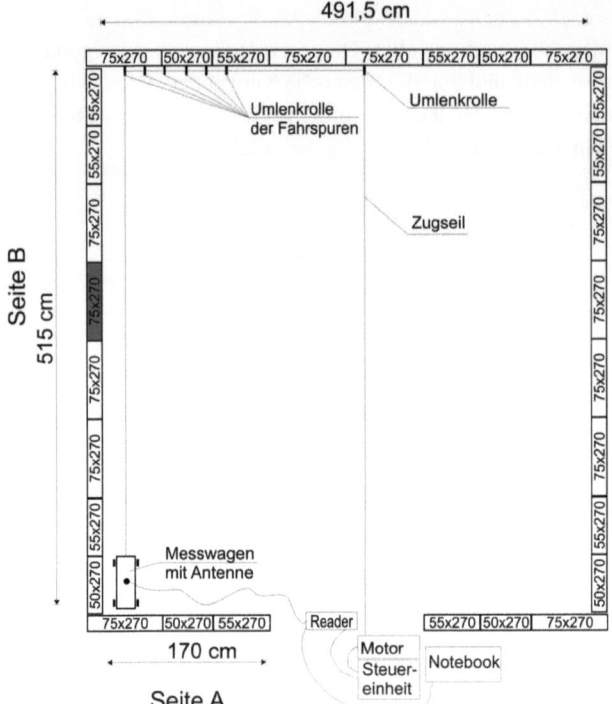

Abbildung 29: Skizze des Simulationsraums mit Versuchsanordnung zur Ermittlung der Kopplungskurve

### 5.1.4 Störfeldmessung

**Versuch V00**

Durch die Störfeldmessung soll jegliche fremde, elektromagnetische Strahlung, welche die Messungen beeinflussen könnte, ermittelt werden. Außerdem sollen mögliche Störquellen am Simulationsraum sowie der Umgebung erfasst werden. Weiterhin sind Einflüsse von Wasser- und Elektroleitungen zu ermitteln.

Dazu werden außerhalb des Simulationsraumes elektromagnetische Felder erzeugt und an unterschiedlichen Stellen im Raum empfangen. Dabei wird die Dämpfung des elektromagnetischen Feldes bestimmt.

### 5.1.5 Voruntersuchung mit Stahl

**Versuch V01**

Bevor die Hauptuntersuchungen zu den Einflüssen auf Lesereichweiten etc. stattfinden können, müssen die zur Verfügung stehenden Transponder und Lesegeräte auf Funktionsfähigkeit und ihr Zusammenwirken geprüft werden. Es wäre nicht sinnvoll, eine Lesegerät-Transponder-Kombination zu wählen, die nur schlechte oder mittelmäßige Reichweiten erzielt. Vielmehr ist herauszufinden, mit welchen der derzeit am Markt verfügbaren Transponder und Lesegeräte die größten Reichweiten möglich sind, da davon auszugehen ist, dass die Entwicklung stetig fortschreitet und somit noch deutlich höhere Reichweiten erzielt werden können.

Um also die günstigsten Kombinationen zu ermitteln, muss ein Versuchsaufbau entwickelt werden, in dem die Bedingungen in etwa dem späteren Einsatz auf der Baustelle entsprechen. Dieser wird geprägt durch Materialien wie Stahl, Beton und Holz. Es liegt also nahe, auf die Ressourcen des Praxispartners Hünnebeck zurückzugreifen, einige Schaltafeln anzupassen und für die Tests zu verwenden. Aus diesem Grund wurden in einige Tafeln mit den Maßen 150 cm x 75 cm Vertiefungen in die Seitenprofile und den Rand der Seitenprofile (siehe Abbildung 30 und Abbildung 31) geschnitten, in die die Transponder versenkt werden sollen.

Abbildung 30: Transponder in Seitenprofil versenkt

Abbildung 31: Transponder an Kante des Seitenprofils befestigt

Die beiden unterschiedlichen Befestigungspunkte wurden gewählt, um einen unterschiedlichen Grad von Stahlummantelung zu simulieren, wie er durch unterschiedliche Bewehrungsgrade entsteht. Eine Übersicht über alle Transponderpositionen gibt Abbildung 32.

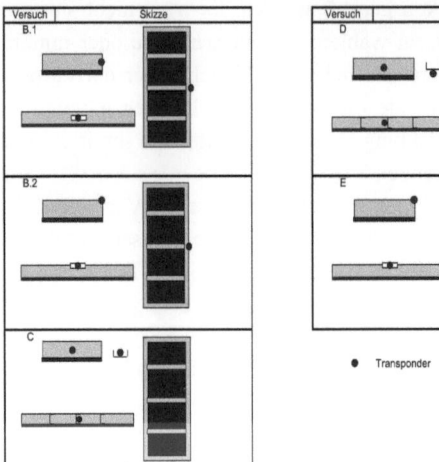

Abbildung 32: Positionen der Transponder an den Schalelementen

Die modifizierten Tafeln werden nun nacheinander einzeln und in Gruppen, jeweils stehend und liegend mit Transpondern ausgestattet (siehe Abbildung 33 und Abbildung 34) und die maximalen Lesereichweiten ermittelt. Dies geschieht im Schutz des Simulationsraumes, da hier nach der Störfeldmessung negative Einflüsse von außen ausgeschlossen werden können.

Abbildung 33: Gruppe aus 5 Schalelementen, stehend

Abbildung 34: Gruppe aus 5 Schalelementen, liegend

5.1 Versuchsplanung

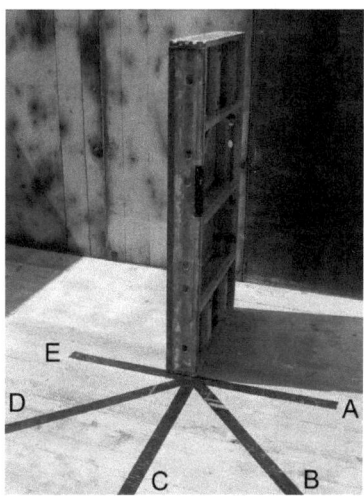

Abbildung 35: Achsen A bis E in Bezug zur Tafel

Die Ermittlung der Reichweiten erfolgt auf fünf Achsen je Tafelposition. Der Achsenschnittpunkt liegt jeweils unter dem Transponder bzw. bei Gruppen in der Mitte der Gruppe (Abbildung 35). Durch die stehende und liegende Tafelposition und die jeweilige Messung auf den genannten fünf Achsen ist es möglich, ein räumliches Bild des Lesebereiches zu bestimmen.

Die Antenne eines stationären Lesegerätes wird an eine Hilfskonstruktion befestigt, um ihre Höhe konstant auf Höhe der Transponder beizubehalten (Abbildung 36). Diese Hilfskonstruktion (auch Versuchswagen genannt) verfügt über Räder und wird später für die Hauptuntersuchungen weiter genutzt.

Abbildung 36: Hilfskonstruktion für die Antenne des stationären Readers (Versuchswagen)

## 5.1.6 Ermittlung der Kopplungskurve
**Versuche V02 – V16**

Um eine reale Abbildung der späteren Nutzung zu liefern, werden die Messungen in Bewegung durchgeführt. Dabei müssen eine definierte geometrische Bahn sowie eine festgelegte, konstante Geschwindigkeit der Bewegung sichergestellt sein. Dies ist nur mit dem stationären Lesegerät möglich, dessen Antenne an einer Hilfskonstruktion befestigt wird. Eine Person mit einem mobilen Lesegerät könnte nicht sicher die genaue geometrische Bahn der Antenne ausführen, außerdem ließe sich die Geschwindigkeit der Bewegung nicht bestimmen und gleichbleibend wiederholen. Zudem verfälscht eine Person im Versuchsraum möglicherweise das Ergebnis.

Daher wird der bereits in Abbildung 36 dargestellte Messwagen in dieser Untersuchung wieder eingesetzt und fährt parallel an der Messwand B (in Abbildung 29) entlang. Das Abstandsraster der einzelnen Fahrspuren beträgt 20 cm und entspricht damit in etwa λ/2. Damit die Kopplungskurve in allen Richtungen erfasst werden kann, wird in jeder Fahrspur die Höhe der Antenne variiert. Das vorgegebene Raster ist hier ebenfalls 20 cm und bezieht sich auf die Höhe „0", was der Transpondermitte entspricht. So entstehen pro Fahrspur 5 - 8 Messspuren. Die Bewegung des Wagens geschieht über einen Motor mit Seilwinde, der den Wagen an der Wand mit einer konstanten Geschwindigkeit entlang zieht.

Ab Versuch V14 werden die Messung erst mit der Fahrspuhr bei 80 cm begonnen, da sich vor der Wand gemäß des geplanten Versuchsaufbaus die Geräte, Maschinen und eine Person befinden.

Das stationäre Lesegerät besitzt zwei Stromanschlüsse. Der erste Anschluss ist für die Stromversorgung des Lesegerätes selbst und der andere für die Stromversorgung der Antenne zu verwenden. Dies ermöglicht das gleichzeitige Einschalten des Motors für die Bewegung des Versuchswagens und der Antenne durch einen schaltbaren Stromverteiler. Es ist also davon auszugehen, dass mit dem Beginn der Bewegung des Messwagens auch die Antenne ihre Arbeit aufnimmt. Um diesen Moment zu erfassen und zu dokumentieren, wird ein einzelner Transponder vor der Antenne in der Startposition angebracht. Sobald die Antenne Strom bezieht, wird dieser Transponder erfasst, der Vorgang wird mit einem Zeitstempel versehen und in eine Protokolldatei geschrieben.

Wird im späteren Verlauf der Fahrt der zu messende Transponder erfasst, wird auch dieser Vorgang inklusive des Zeitstempels in der Datei festgeschrieben. Anhand der Zeitdifferenz zwischen dem Lesevorgang des zu messenden Transponders und des Start-Transponders, sowie der bekannten, konstanten Geschwindigkeit kann dann die Position des Messwagens bei den einzelnen Vorgängen bestimmt werden.

Eine Messreihe gilt als beendet, wenn der Transponder nicht mehr erfasst wird.

## 5.2 Versuchsdurchführung

### 5.2.1 Störfeldmessung
**Versuch V00**

Die zirkular polarisierte Empfängerantenne (Abbildung 37) wurde in einem Raster mit der Kantenlänge von einem Meter im Versuchsraum aufgestellt. Somit ergaben sich 16 Messpunkte. Die Empfangsantenne war in der Höhe 90 cm in Richtung der Sendeantenne aufgestellt. Die Positionen der zirkular polarisierten Sendeantenne waren jeweils in der Mitte der Wände B, C und D sowie an einer Ecke der Wände D und E. Die Entfernung der Sendeantenne von den Wänden betrug jeweils 2,37 m und sie war in einer Höhe von 1,25 m befestigt. Die Sendeleistung wurde mit 0,25 Watt eingestellt.

Gemessen wurden die Feldstärken im leeren Raum ohne Wasser- und Elektroleitung durch die Seiten C und D sowie die Ecke D/E. Außerdem wurden die Feldstärken unter dem Einfluss einer Wasserleitung durch die Seite B und dem Einfluss einer Elektroleitung durch die Seite D ermittelt. In den Versuchen über die Ecke und der Wasserleitung sowie der Stromleitung wurden nur noch vereinzelte Messpunkte untersucht.

Abbildung 37: Empfängerantenne im Inneren des Raumes

Abbildung 38: Simulationsraum Seite D, mit Elektroleitung

Abbildung 39: Simulationsraum Seite B, mit Wasserleitung

### 5.2.2 Voruntersuchung mit Stahl
**Versuch V01**

Beim Test des stationären Readers wird der Versuchswagen auf den Achsen langsam und gleichmäßig auf die Schalung mit den Transpondern zugeschoben. Sobald ein konstanter Fluss von Leseereignissen entsteht, wird der Wagen angehalten und die Entfernung zum Transponder gemessen. Wichtig ist, dass nicht beim ersten einzelnen Leseereignis die Entfernung gemessen wird, da ein solches für die geplante spätere Nutzung von RFID im Bauwesen nicht ausreicht. Es wird eine stabile, anhaltende „Verbindung" benötigt. Getestet wurde das stationäre Lesegerät „HARfid RF800R" von Harting Electric GmbH & Co KG.

Da die spätere Nutzung auf Baustellen erfolgen soll, ist der Einsatz stationärer Lesegeräte nicht sinnvoll. Daher werden die Messungen des stationären Gerätes nur als Referenzwerte herangezogen, und von nun an mobile Lesegeräte getestet. Hier trägt eine Versuchsperson das Lesegerät in Höhe des Transponders und bewegt sich dabei entlang der Achsen auf den Transponder zu. Gleichzeitig wird permanent versucht, den Transponder zu lesen. Sobald – wie auch bei dem stationären Gerät – eine ausreichende Dichte von Leseereignissen erreicht wird, wird die Entfernung zwischen Antenne und Transponder gemessen. Die verwendeten Geräte sind dabei zum einen Leihgaben der Hersteller, zum anderen Teil aber auch nur zur Miete erhältlich gewesen. Folgende Geräte wurden getestet:

- HARfid RF800R von Harting Electric GmbH & Co KG (stationär),
- UHF Workabout Pro von Psion Teklogix GmbH,
- MPX MR 01.standard UHF von Microplex Printware AG und
- Skeye.integral 2 UHF von Höft & Wessel AG.

Als zu testende Transponder standen
- HARfid LT 86 (NT) G2IMZ2 von HARTING AG Mitronics (Protokoll: C1Gen2),

## 5.2 Versuchsdurchführung

- HARfid LT 86 (NT) TUA5590 von HARTING AG Mitronics (Protokoll: Tagidu),
- UDC 160 von deister electronic GmbH,
- WTUG-127 von WISTEQ (von nun an „F1" genannt) und
- WTUG-132 von WISTEQ (von nun an „F2" genannt)

zur Verfügung.

Bei den Versuchen mit Transpondergruppen erfolgt der Ablauf ähnlich wie bei den Einzelversuchen. Das mobile Lesegerät oder die Antenne des stationären Gerätes werden entlang der Achsen auf die Transponder zu bewegt. Es wird jede Entfernung gemessen, bei der jeweils ein weiterer Transponder zusätzlich sicher lesbar ist, d. h. im günstigsten Fall pro Lauf fünf Abstände.

Jeder dieser Läufe entlang einer Achse wird neun Mal durchgeführt. Danach wird die Tafel bzw. Tafelgruppe um 90 Grad gedreht und die Messungen in der gleichen Art durchgeführt, um eine dreidimensionale Visualisierung des Lesebereiches zu ermöglichen.

Die Messwerte wurden anschließend in Tabellen übertragen und ausgewertet, um die bestmögliche Kombination aus Lesegerät und Transponder zu bestimmen.

### 5.2.3 Ermittlung der Kopplungskurve

Die Ermittlung der Kopplungskurve erfolgt durch Messungen an der Seite B des Versuchsraumes. Wie bereits in Abschnitt 5.1.6 erläutert, fährt dazu der Versuchswagen mit einer definierten Geschwindigkeit an der Messwand entlang. Durch einen „Start-Transponder" wird der Beginn des Versuches dokumentiert. Jeder Abstand von der Seite B des Versuchsraumes in Kombination mit jeder Höhe ist ein „Lauf". Pro Kombination aus Abstand und Höhe werden 3 Läufe durchgeführt. So entstehen pro Messspur 3 Protokolldateien. Für den gesamten Versuchszyklus sind das demnach 2760 Protokolldateien.

Nach dem letzten Lauf wurde bei der Rückfahrt des Versuchswagens in die Startposition stichprobenartig die erste Erfassung des Transponders gemessen und im Protokoll festgehalten. Dieser Wert wurde dann mit dem letzten Wert der Hinfahrt verglichen. So konnte eine leichte Verschiebung der Werte festgestellt werden. Diese ist darauf zurück zu führen, dass der Zeitstempel in der Protokolldatei vom Computer vergeben wird, der Messvorgang jedoch in Echtzeit am Computer ankommt. Die hohe Anzahl von Daten kann der Rechner nicht ausreichend schnell verarbeiten und die Daten in die Protokolldatei schreiben; es kommt zu der bemerkten Verzerrung.

Ein Problem bei der Versuchsdurchführung war der Überhitzungsschutzes des Motors, der nach 3 - 4 Fahrten einige Minuten Pause notwendig machte.

Der Witterungsschutz des Versuchsraumes erfolgte durch Abdeckung mit Holzträgern und Schalhaut (siehe Abbildung 40), wodurch die Ergebnisse nicht nennenswert beeinflusst wurden.

Abbildung 40: Versuchsaufbau

Bei den Versuch V14 wurden Geräte, wie in Abbildung 27 dargestellt, in unmittelbarer Nähe des Transponders (schwarze Markierung im Bild) aufgestellt. Zusätzlich befand sich eine Person zwischen dem Gerüst und dem Hochdruckreiniger während der Erfassung der Kopplungskurven.

Versuch V15 wurde ohne die Person mit der dargestellten Versuchsanordnung ausgeführt. Dabei sind alle Positionen der Geräte für eine eventuelle Wiederholung der Versuche genau protokolliert wurden.

Bei den Versuchen V16 - mit Maschinen ist ebenfalls die Versuchsanordnung aus V15 zur Anwendung gekommen. Lediglich der Hochdruckreiniger wurde ans Stromnetz angeschlossen und wurde während der Erfassung der Kopplungskurven eingeschaltet.

## 5.3 Auswertung der Versuche

### 5.3.1 Störfeldmessung
**Versuch V00**
Die Auswertung der Messungen ergab, dass der Stahlrahmen der Schalung keine bedeutenden Auswirkungen auf das Nutzsignal des Lesegerätes hat. Die Verteilung der Felder sind in Abbildung 41, Abbildung 42 und Abbildung 43 dargestellt. Das Signal wird mit zunehmender Entfernung geringer, was einer normalen Dämpfung entspricht.

## 5.3 Auswertung der Versuche

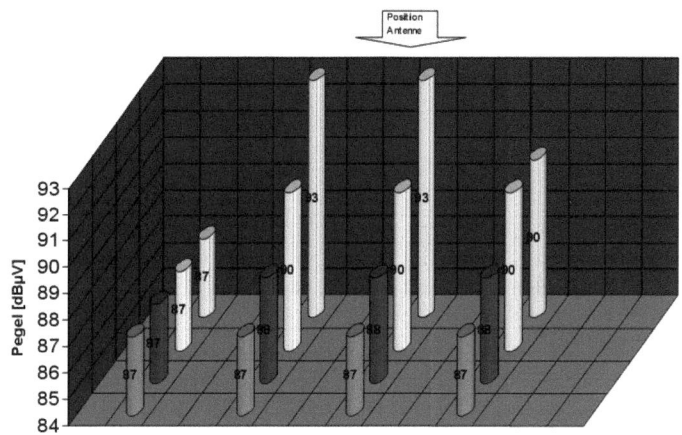

Abbildung 41: Feldverteilung bei der Messung an der Seite D

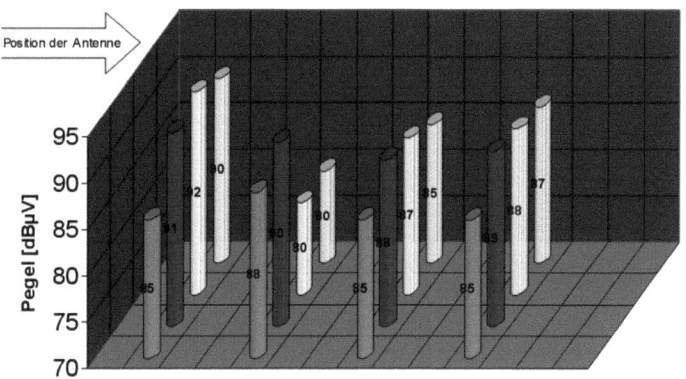

Abbildung 42: Feldverteilung bei der Messung an Seite C

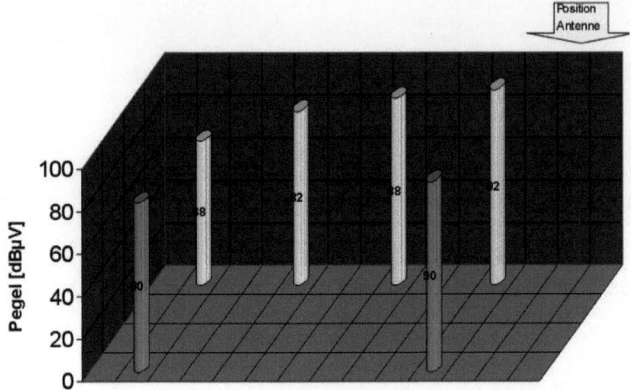

Abbildung 43: Feldverteilung bei der Messung an der Ecke D/E

Bei den Messungen des Feldes unter Mitwirkung der Wasserleitung und der Stromleitung können keine nennenswerten Einflüsse erkannt werden (Abbildung 44 und Abbildung 45).

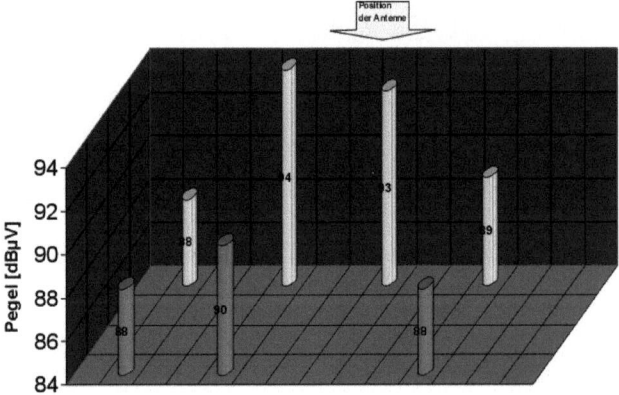

Abbildung 44: Feldverteilung bei der Messung mit Stromleitung

## 5.3 Auswertung der Versuche 85

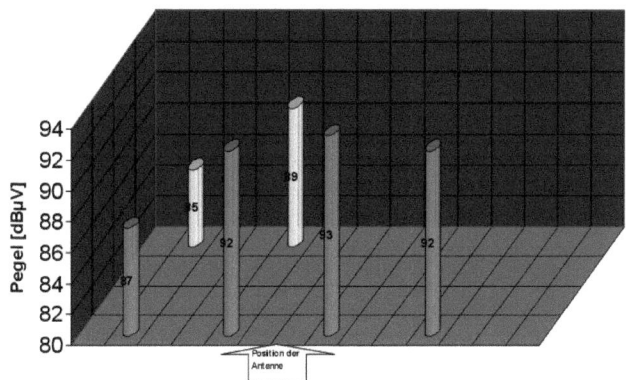

Abbildung 45: Feldverteilung bei der Messung mit Wasserleitung

**Anforderung B4 an Einbaustelle:**
Wasser- und Stromleitungen können vernachlässigt werden

### 5.3.2 Voruntersuchung mit Stahl
**Versuch V01**

Die Messwerte für die Lesereichweiten wurden zum einen in Einzelgrafiken pro Versuch dargestellt, zum anderen in vergleichenden Gesamtgrafiken.

Die Einzelgrafiken (Beispiel in Abbildung 46) zeigen in Draufsicht die Lesereichweiten (in cm) für jeden Versuchsaufbau. Dafür wurden die ermittelten Werte tabellarisch erfasst und der Mittelwert der neun Läufe pro Achse berechnet. Diese werden in die Diagramme gezeichnet und linear verbunden, da bezüglich der Werte zwischen den Achsen keine gesicherten Werte existieren und eine Approximation der Messwerte durch einen Kurvenverlauf fälschlicherweise größere Lesereichweiten ergeben würde. Zu erkennen ist in den Grafiken neben der Lesereichweite auch die räumliche Ausbreitung, d. h. Richtung des Lesebereiches.

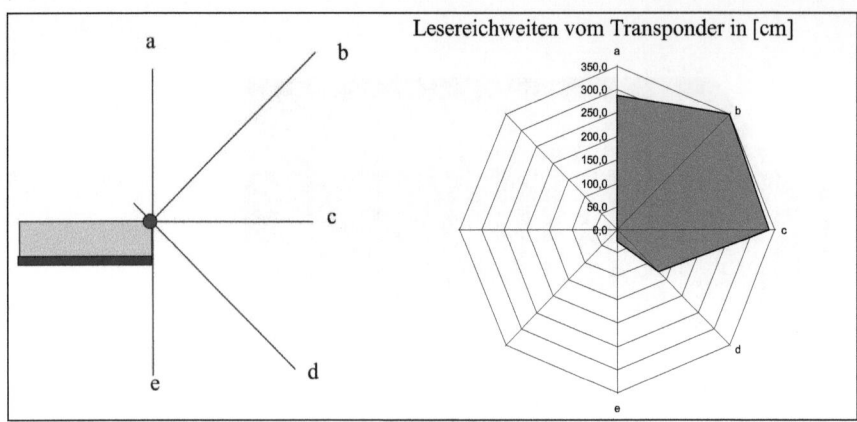

Abbildung 46: Darstellung Versuch B.2-015, mobiler Reader Microplex mit Transponder von Deister, Transponder sitzt auf Vertiefung der Seitenprofilkante, Tafel steht, Lesereichweiten in cm

Aus diesen Tabellen und Grafiken können nun Minima und Maxima ermittelt werden, die weiter ausgewertet werden. Hierbei soll analysiert werden, welcher Transponder mit welchem Lesegerät die besten bzw. die schlechtesten Ergebnisse hervorbringt. Es entstanden Übersichten wie in den folgenden Abbildungen gezeigt.

Sie vergleichen einerseits die Ergebnisse verschiedenen Lesegeräte beim gleichen Transponder (Abbildung 47) und andererseits die Ergebnisse verschiedener Transponder beim gleichen Lesegerät (Abbildung 48).

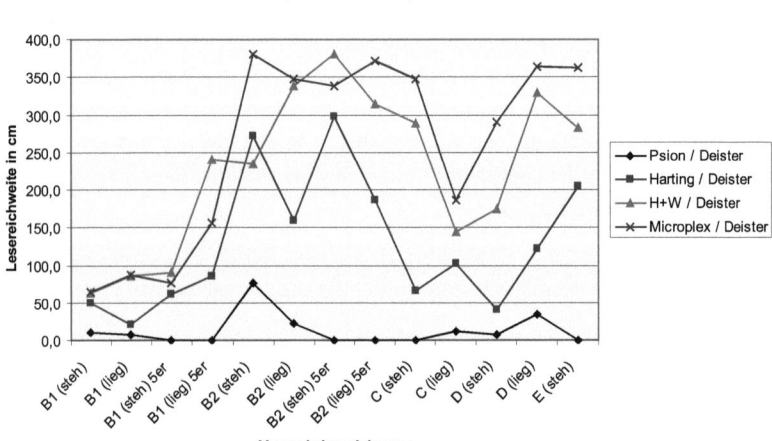

Abbildung 47: Maximale Lesereichweiten für den Deister-Transponder bei verschiedenen Lesegeräten

## 5.3 Auswertung der Versuche

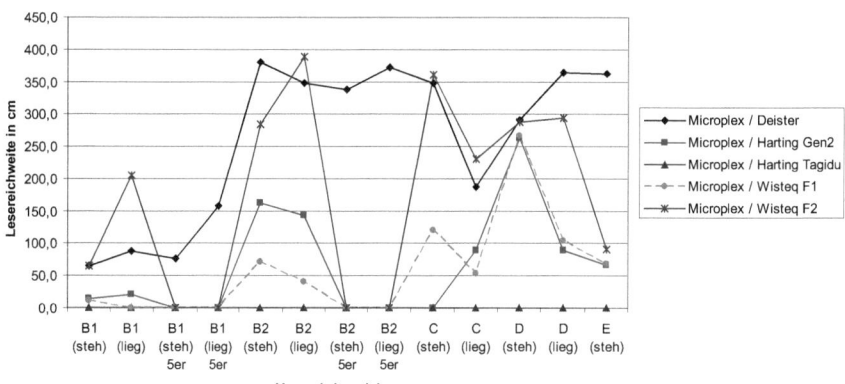

Abbildung 48: Maximale Lesereichweiten für das Lesegerät von Microplex in Verbindung mit verschiedenen Transpondern

In beiden Beispielen ist zu erkennen, dass im Mittel über alle Versuche die Kombination Microplex-Reader und Deister-Transponder die höchsten Lesereichweiten erzielen. Die teilweise extremen Differenzen zwischen den einzelnen Versuchen resultieren aus dem Versuchsaufbau, bei dem die Ummantelung der Transponder mit Stahl stark variiert wurde. Nach Auswertung aller Tabellen und Diagramme kann man folgende Aussagen treffen:

1. In fast allen Versuchen erwies sich der Transponder von Deister unabhängig vom Lesegerät als der leistungsstärkste. An zweiter Stelle rangiert der Wisteq-Transponder „F2"
2. Die Transponder Harting Gen2 und Wisteq „F1" sind aufgrund ihrer geringen Reichweiten in einer Stahlumgebung für den Einsatz im Bauwesen nicht geeignet.
3. Der Transponder Harting Tagidu liegt mit seinen Ergebnissen im Mittelfeld, allerdings wird des Standard Tagidu nicht mehr weiterentwickelt. Zudem ist er mit den meisten Lesegeräten (hier mit allen mobilen Lesegeräten) nicht auslesbar. Es ist also nicht sinnvoll, hiermit weiterzuarbeiten.
4. Bei den Versuchen mit Transponder- bzw. Tafelgruppen konnten nur in wenigen Fällen alle fünf Transponder ausgelesen werden, meist waren nur ein bis drei Transponder lesbar.
5. Nach Abschluss der Versuchsreihen wurde ein stichprobenartiger Test mit einem Caen-Transponder[103] durchgeführt. Die Ergebnisse lagen an der oberen Grenze des Mittelfeldes und sollten im Folgeprojekt vertieft untersucht werden.

---

[103] http://www.caen.it/rfid/

6. Das mobile Lesegerät von Microplex erzielte in den meisten Fällen die besten Ergebnisse, das Gerät von Höft & Wessel liegt knapp dahinter. Das Gerät von Microplex ist jedoch handlicher und verfügt über einen größeren Umfang zusätzlicher technischer Ausstattung.
7. Die bestmögliche Kombination ist, wie im oben beschriebenen Beispiel, der Transponder von Deister und das Lesegerät von Microplex. Mit diesen Geräten können und sollten alle weiteren Untersuchungen mit mobilen Lesegeräten durchgeführt werden.
8. Die Richtung des Transponders ist zu beachten: auf den Achsen „a" und „e" war er meistens nicht lesbar, die Achsen „b", „c" und „d" je nach Versuchsaufbau unterschiedlich gut. Die besten Ergebnisse treten auf, wenn man den Transponder direkt von vorn ausliest.

**Anforderung A13 an Hardware:**
Richtung des Transponder aus dem Bauteil heraus

### 5.3.3 Ermittlung der Kopplungskurve

#### 5.3.3.1 Sendeleistung

Wie die Versuche V02, V03 und V04 zeigen, würde beim Einsatz der Transponder nur in Verbindung mit Holz eine Sendeleistung von 0,5 Watt ausreichen. Die Versuche mit anderen Materialien, wie Ziegel oder Porenbeton, zeigen jedoch, dass diese geringe Sendeleistung nicht ausreicht. Das liegt am Dämpfungsverhalten der Materialien, das deutlich stärker als das von Holz ist. Abbildung 49 zeigt, dass mit einer Sendeleistung von 0,5 Watt maximal 1,20 Meter sicher erzielt werden können. Laut Anforderung A6 aus Kapitel 5.1.1.1.7 sind jedoch 1 - 2 Meter notwendig. Dies macht eine Sendeleistung von 1,0 Watt erforderlich.

Zu berücksichtigen ist außerdem, dass der Lesebereich bei den maximalen Entfernungen recht klein ist (zum Beispiel ca. 40 cm x 40 cm bei V06).

## 5.3 Auswertung der Versuche

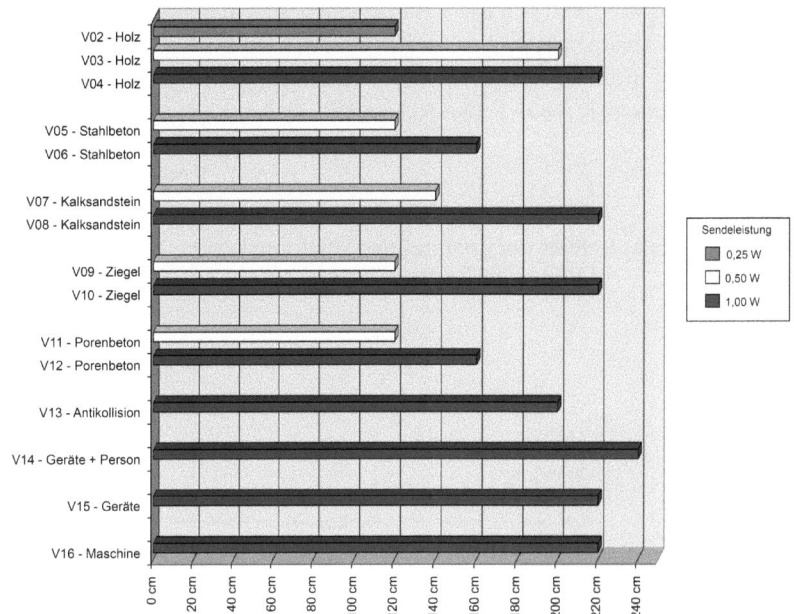

Abbildung 49: erzielte Maximale Lesereichweiten

**Anforderung A14 an Hardware**
Sendeleistung 1,00 Watt

#### 5.3.3.2 Schreib- und Lesegeschwindigkeiten

Das Problem der Verzerrung durch die Verarbeitung des Rechners (erläutert in Abschnitt 5.2.3) wird in Abbildung 50 visualisiert. Die dargestellte Fläche zeigt den Lesebereich des Transponders laut Protokolldatei, die gestrichelte Linie zeigt die Ergebnisse der Probemessung auf der Rückfahrt.

Der Verzerrungseffekt ist abhängig von der Anzahl der Leseereignisse während einer Messung. Dies wird besonders deutlich bei Versuch V13, in dem durch den Einsatz des Antikollisionsverfahrens Verschiebungen bis zu 7 Meter auftraten. In diesem Fall sind nur noch qualitative Aussagen möglich, da die hohe Anzahl von bis zu 640 Leseereignissen pro Messfahrt vom Rechner nicht bewältigt werden konnte. Im Vergleich dazu werden die bis zu 200 Leseereignisse bei einem Transponder gut verarbeitet.

Ein eindeutiges Lesen mehrerer Transponder im Vorbeigehen ist mit dem stationären Gerät und der in den Versuchen angeschlossenen Technik nicht sicher. Auch bei der Anwendung mobiler Lesegeräte wurde schon bemerkt, dass nicht alle Transponder sicher ausgelesen werden konnten (Abschnitt 5.3.2). Es dürfen also nach dem heutigen Stand der Technik nur wenige Transponder im Lesebereich liegen. Durch eine Optimierung der Lesesysteme wird sich das Auslesen mit Sicherheit beschleunigen und das Auslesen mehrerer Transponder im Lesebereich umsetzen lassen.

Mit Hinblick auf diese Ergebnisse ist festzustellen, dass auch eine genaue Ortung, wie es die TU Darmstadt in ihrem Teilprojekt anstrebt, noch nicht möglich ist.[104]

**Anforderung B5 an Einbaustelle**
1 Transponder im Lesebereich

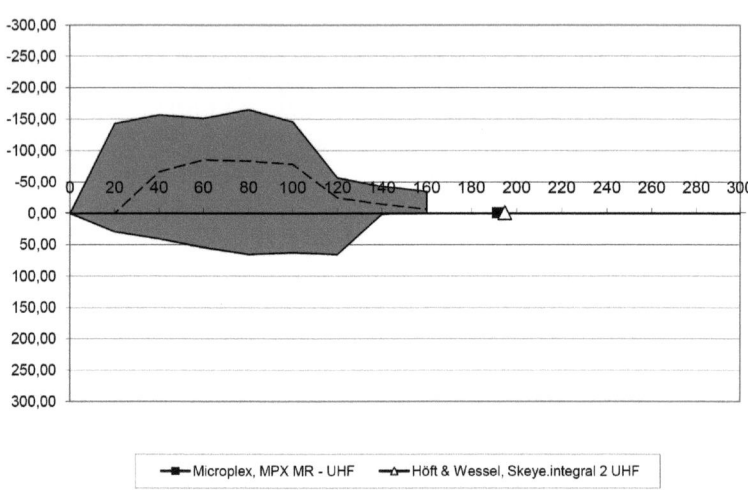

Abbildung 50: V12 - horizontaler Schnitt der gemittelten Kopplungskurve, in Transponderhöhe

### 5.3.3.3 Aussagen zur genauen Positionierung der Transponder

Die Ausdehnung der Kopplungskurve ist von vielen Dingen abhängig. Dazu gehören im Wesentlichen die Umgebung, das Strahlungsfeld der Antenne und das Medium, in dem sich der Transponder befindet. Wenn der Transponder wie in Versuch V02, V03 und V04 nur hinter Holz befestigt ist, ist die Kopplungskurve gleichförmig ausgebildet. Vergleicht man die Kopplungskurven mit denen von Versuch V06 mit Beton bei 1 Watt Sendeleistung, so ist eine geringere Ausbreitung der Kopplungskurve in Breite, Höhe und Tiefe feststellbar. Dies ist mit der höheren Dämpfung durch den Beton im Vergleich zum Holz zu erklären.

Bei Kalksandstein (Versuch V08) und Ziegel (V10) ist die Kopplungskurve gegenüber der von Versuch V06 (Beton) größer, da hier die negativen Einflüsse aus der Be-

---

[104] Stand: Projektende 2008

wehrung fehlen. Dies ist auch der Grund dafür, dass die Kopplungskurve von Porenbeton (V12) etwas größer, aber sonst sehr ähnlich zu der des Betons (V06) verläuft.

In den Versuchen wurde keine gerichtete Antenne verwendet, sondern die Antenne stets parallel zu Wand bewegt. Im tatsächlichen Einsatz auf der Baustelle ist davon auszugehen, dass das Lesegerät auf den Transponder ausgerichtet wird.

Der Einbau der Transponder sollte nicht zu hoch erfolgen, sondern in einem Bereich liegen, in dem das Lesegerät von einem durchschnittlich großen Menschen bequem in der Hand gehalten werden kann. Dies entspricht einer Höhe von ca. 1,20 Meter. Da der Transponder in einer Höhendifferenz von 40 cm noch gut gelesen werden kann, dagegen bei 60 cm nur noch vereinzelte Leseereignisse auftreten, ist der Transponder maximal auf einer Höhe von 1,60 Meter einzubauen. Eine Gefahr durch das Befestigen von Schränken, Bildern etc. an den Wänden besteht kaum, da diese gewöhnlich auf einer Höhe von 1,80 - 1,90 Meter angebracht werden.

Der untere Grenzwert für das Anbringen des Transponders ist 1,20 Meter. (Kapitel 5.1.1.2.13) Zusammenfassend ist also eine Einbauhöhe von 1,20 m bis 1,40 m (für Transponder mit 20 cm Länge) zu empfehlen.

**Anforderung B6 an Einbaustelle**
Einbauhöhe 1,20 m – 1,30 m

### 5.3.3.4 Einfluss von Strom, Geräten, Personen

Personen und Geräte im Raum beeinflussen die Ausdehnung der Kopplungskurve ganz wesentlich. Im Vergleich von Versuch V04 - Holz (leerer Raum) mit Versuch V14 – Personen + Geräte ist dies gut ersichtlich. Die Ausdehnung der Kopplungskurve ist bei V14 kleiner als bei V04, doch wurde der Transponder bei V14 eher erkannt. Die Person stand in diesem Versuchsaufbau im vorderen Bereich des Simulationsraumes, etwa 1,00-1,50 Meter vom Transponder entfernt (Diagramm in Abbildung 51). Diese Verschiebung der Kopplungskurve in Richtung der Person könnte als günstiger Einfluss durch Personen ausgelegt werden.

Der Einfluss der Person auf die Messergebnisse wird durch Abbildung 52 bestätigt, wo der Versuch nur mit Geräten aber ohne Personen durchgeführt wurde. Der Beginn der Kopplungskurve im Diagramm ähnelt eher dem des Versuches V04 (bei 100 cm) als dem des Versuches V14 (bei 150 cm).

Eine weitere Bestätigung dieser Theorie liefert die Messung der Lesereichweiten mit mobilen Geräten. Die im Raum anwesende Person steht hinter dem Lesegerät und erreicht dabei gleiche und teilweise größere Leseentfernungen als mit dem stationären Lesegerät (Abbildung 52 und Abbildung 53).

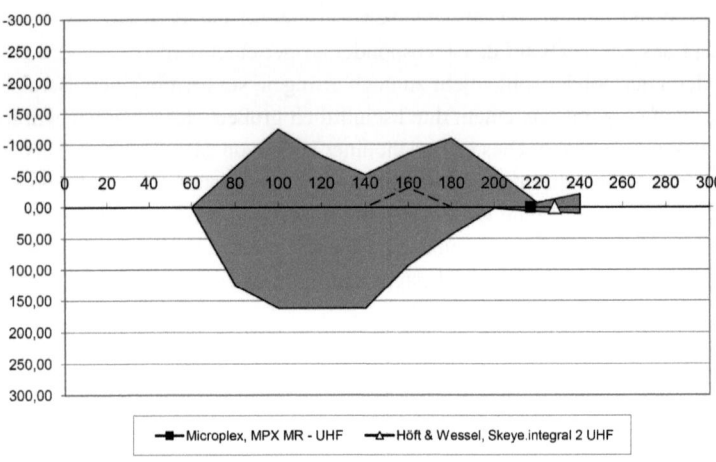

Abbildung 51: V14 – horizontaler Schnitt der gemittelten Kopplungskurve, in Transponderhöhe

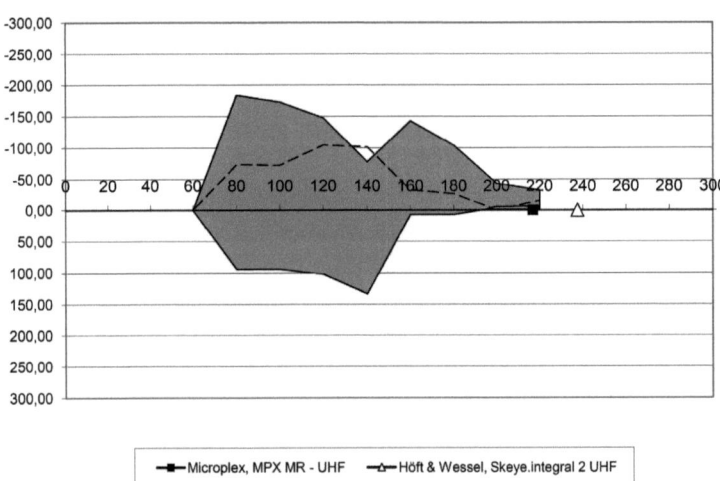

Abbildung 52: V15 - horizontaler Schnitt der gemittelten Kopplungskurve, in Transponderhöhe

## 5.3 Auswertung der Versuche 93

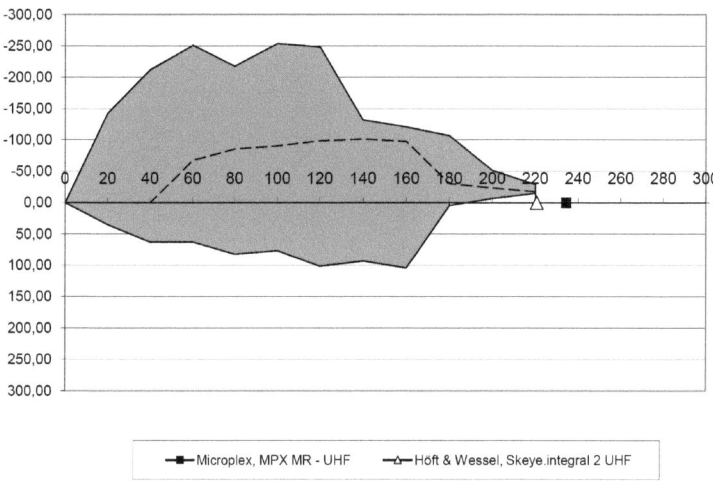

Abbildung 53: V04 – horizontaler Schnitt der gemittelten Kopplungskurve, in Transponderhöhe

# 6 Zusammenstellung der Anforderungen

In den vorangegangenen Kapiteln 4 und 5 wurden die Anforderungen an die Hardware sowie die Anwendung analysiert. Verschiedene Anforderungen an die Hardware sind heute bereits umgesetzt. Beispielsweise werden Transponder speziell für den Einsatz auf Stahloberflächen angeboten. Auch die ermittelten Temperaturbereiche für die Transponder und die Lesegeräte stellen keine großen Herausforderungen an die Technik dar. Anders sieht es beispielsweise mit der Anforderung an die Speichergröße aus. Hier sind noch intensive Forschungen und Entwicklungen notwendig. Begrenzt wird die Speichergröße derzeit durch den Stromverbrauch, der mit steigender Speichergröße erheblich steigt.

## 6.1 Hardware

Die Anforderungen an die Hardware sind in der folgenden Tabelle 10 zusammengefasst. Dabei wird unterschieden in Anforderungen, welche das System (Lesegerät und Transponder), nur die Transponder oder nur die Lesegeräte betreffen.

| Kapitel | Nr. | Gerät | Anforderung |
|---|---|---|---|
| 4.3.2 | A1 | Transponder | Speichergröße 400 kByte |
| 4.3.3 | A2 | Transponder | Rechteverwaltung unumgänglich |
| 5.1.1.1.1 | A3 | Transponder | Passive Transponder |
| 5.1.1.1.2 | A4 | Transponder | UHF |
| 5.1.1.1.3 | A5 | Transponder | Kunststoffgehäuse, vergossen, IP 67 |
| 5.1.1.1.4 | A6 | Transponder | Temperaturbereich -20°C / +100°C |
| 5.1.1.1.5 | A7 | Reader | Mobil, klein, IP 64 |
| 5.1.1.1.6 | A8 | Reader | Temperaturbereich -20°C / +80°C |
| 5.1.1.1.7 | A9 | Reader/Transponder | Schreib- und Leseentfernungen: 1,00 – 2,00 m |
| 5.1.1.1.8 | A10 | Reader/Transponder | Schreib- und Lesegeschwindigkeiten: 40/160 kbps |
| 5.1.1.2.8 | A11 | Transponder | Transponder speziell für den Einsatz auf Stahl |
| 5.1.1.2.15 | A12 | Reader | Kleine Mobile Lesegeräte mit zirkular polarisierter Antenne |
| 5.3.2 | A13 | Transponder | Richtung des Transponder aus dem Bauteil heraus |
| 5.3.3.1 | A14 | Reader | Sendeleistung 1,00 Watt |

Tabelle 10: Anforderungen an die Hardware

## 6.2 Anwendung

Diese Anforderungen betreffen hauptsächlich die Planung und den Umgang mit bzw. den Einbau der Hardware.

| Kapitel | Nr. | Anforderung |
|---|---|---|
| 5.1.1.2.8 | B1 | 2 Transponder pro Bauteil<br>Halbwandverfahren<br>auf der Bewehrung |
| 5.1.1.2.13 | B2 | Bereich horizontal:<br>oberhalb 1,20 m vom Fertigfußboden, unterhalb 0,45 m von der fertigen Decke<br>Bereich vertikal:<br>mind. 30 cm neben Rohbaukanten oder -ecken<br>nicht oberhalb von Steckdosen und Schaltern |
| 5.1.1.2.14 | B3 | Transponder eines Bauteils diagonal zueinander anordnen |
| 5.3.1 | B4 | Wasser- und Stromleitungen können vernachlässigt werden |
| 5.3.3.2 | B5 | 1 Transponder im Lesebereich |
| 5.3.3.3 | B6 | Einbauhöhe 1,20 m – 1,40 m |

Tabelle 11: Anforderungen an den Einbau

# 7 Ausblick

Nach Abschluss der grundlegenden Untersuchungen sollen jetzt die gewonnen Erkenntnisse im folgenden Forschungsabschnitt durch Pilotprojekte verifiziert werden. Dazu werden in einem ersten Schritt die konstanten Randbedingungen der Vorfertigung genutzt. Beim Einsatz in der Fertigteilherstellung kann ebenfalls geprüft werden, in wie weit durch den Einsatz der RFID-Technologie die Automatisierung der Prozesse vorangetrieben werden kann. Im zweiten Schritt soll dann eine Baustelle mit all ihren Unwegsamkeiten die Umsetzbarkeit der Idee des „Intelligenten Bauteils" bestätigen.

# Literaturverzeichnis

**Berger 2003** Berger, Dominik: *Technische Grundlagen der Transpondertechnologie.* (BVL Regionalgruppenforum). Vortrag in Essen, 2003. BVL - Bundesvereinigung Logistik, Regionalgruppe Ruhr

**Berner 1983** Berner, Fritz; Drees, G. (Mitarb.): *Verlustquellenforschung im Ingenieurbau : Entwicklung eines Diagnoseinstrumentes unter Berücksichtigung der Wirtschaftlichkeit und Genauigkeit von Zeitaufnahmen //// Entwicklung eines Diagnoseinstruments unter Berücksichtigung der Wirtschaftlichkeit und Genauigkeit von Zeitaufnahmen.* Stuttgart //// Wiesbaden: Bauverl., 1983 (Schriftenreihe des Institutes für Baubetriebslehre der Universität Stuttgart, TH 24). – ISBN 3-7625-2147-6

**BITKOM [Hrsg.] 2005** Heinze, Birgit: *White Paper : RFID - Technologie, Systeme und Anwendungen.* BITKOM, Albrechtstraße 10, 10117 Berlin-Mitte. Berlin, 11.08.2005

**Blömeke 2001** Blömeke, Michael: *Die Baustellenlogistik als neue Dienstleistungsfeld im Schlüsselfertigbau: grundlegende Entwicklung eines systematisierten Logistikkonzeptes und dessen Umsetzung am Bauvorhaben Konzerthaus Dortmund.* Dortmund, Universität Dortmund, Lehrstuhl für Baubetrieb, Diplomarbeit, 2001

**BnetzA 2006** Bundesnetzagentur für Elektrizität, Gas, Telekommunikation, Post und Eisenbahnen: *Frequenznutzungsplan gemäß TKG über die Aufteilung des Frequenzbereichs von 9 kHz bis 275 GHz auf die Frequenznutzungen sowie über die Festlegungen für diese Frequenznutzungen.* (idF v. Mai 2006). Bonn: Dienststelle 214a

**BSI [Hrsg.] 2004** Kelter, Harald; Ullmann, Markus; Wittmann, Stefan; Oertel, Britta; Wölk, Michaela; Hilty, Prof. Dr. Lorenz; Köhler, Andreas: *Risiken und Chancen des Einsatzes von RFID-Systemen : Trends und Entwicklungen in Technologien, Anwendungen und Sicherheit.* Ingelheim : SecuMedia, 2004 – ISBN 3-922746-56-X

**Bundesverband der Deutschen Zementindustrie e.V. [Hrsg.] 2006** Hersel, Otmar: *Zemente und ihre Herstellung.* 1 / 2006. (Zement-Merkblatt Betontechnik B 1)

**Edward u. El-Misalami 2003** Edward, J. Jaselskis; El-Misalami, Tarek: Implementing Radio Frequency Identification in the Construction Process. In: Journal of construction engineering and management Band 129 (2003), Nr. 6, S. 680–688

**Finkenzeller 2006** Finkenzeller, Klaus: RFID-Handbuch: Grundlagen und Praktische Anwendungen induktiver Funkanlagen, Transponder und kontaktloser Chipkarten. 4. Aufl. München: Hanser, 2006

**Fischer, W.-J. 2007** Fischer, Wolf-Joachim: *Transponder in der Medizintechnik.* Vortrag in Dresden, 07.12.2007. RFID-Netzwerk, Silikon Saxony e.V.

**Flohrer 1999** Flohrer, Claus: *Messung der Betondeckung und Ortung der Bewehrung* In: Deutsche Gesellschaft für Zerstörungsfreie Prüfung: DGZfP-Berichtsband 66-CD, München, Vortrag 4, Seite 35-45, 21.-22.01.1999.

**Geng u. Wiesbeck 1998** Geng, Norbert; Wiesbeck, Werner: *Planungsmethoden für die Mobilkommunikation: Funknetzplanung unter realen physikalischen Ausbreitungsbedingungen.* Berlin: Springer, 1998 (Information und Kommunikation). – ISBN 3-540-64778-3

**Gillert u. Hansen 2007** Gillert, Frank; Hansen, Wolf Rüdiger: *RFID für die Optimierung von Geschäftsprozessen: Prozess-Strukturen, IT-Architekturen, RFID-Infrastrukturen.* 1. Aufl. München: Carl Hanser Verlag, 2007 – ISBN 3-446-40507-0

**Gruber 2005** Gruber, Kai: *Langstreckenspezialisten gehört die Zukunft.* In: *RFID im Blick* (2005), Nr. 10, S. 40-41

**Götze 2006** Götze, Jens: *Technische Mineralogie I: Natursteine 1/2.* Freiberg, Technische Universität Bergakademie Freiberg, Institut für Mineralogie, Fachgebiet Technische Mineralogie, Lehrmaterial - Vortrag, 2006

**IDENTEC SOLUTIONS AG [Hrsg.] 2005** IDENTEC SOLUTIONS AG, Millennium Park 2, 6890 Lustenau, Österreich. *Aktiver UHF Datenträger i-Q Line: Datenblatt.* 2005. (Version 5.31 04/07). URL http://www.identecsolutions.com/fileadmin/user_upload/ PDFs/product_sheets/i-Q8_V5.28_Ger.pdf. – Überprüfungsdatum 2008-04-07

**IFL [Hrsg.] 2002** anonym; Furmans, Kai (Mitarb.): *Auswahl von Identifikationssystemen: Produktionstechnisches Labor II, Versuch 17.* Universität Karlsruhe, 2002. – Skript zum Praktikum

**Kern 2007** Kern, Christian: *Anwendung von RFID-Systemen:* 2., verb. Aufl. Berlin, Heidelberg : Springer, 2007 – ISBN 3-540-44477-7

**Kordina u. Meyer-Ottens 1999** Kordina, Karl ; Meyer-Ottens, Claus: *Beton-Brandschutz-Handbuch.* 2. Aufl. Düsseldorf: Verl. Bau+Technik, 1999 – ISBN 3-7640-0380-4

**Kuypers 2003** Kuypers, Friedhelm: *Elektrizität, Optik und Wellen.* 2., völlig überarb. und erw. Aufl Weinheim: WILEY-VCH, 2003 (Lehrbuch Physik Bd. 2). – ISBN 3-527-40394-9

**Lampe et al. 2005** Lampe, Wolf; Böse, Felix; Scholz-Reiter, Prof. Bernd: *Netzwerk für Millionen Räder: FasTEr – Eine Transponderlösung macht mobil.* In: *RFID im Blick* (2006), Nr. Sonderausgabe Bremen, S. 20–23

**Matzdorf 2006** Matzdorf, René: *Einführung in die Physik II.* Vorlesungsskript, Universität Kassel, Institut für Physik, Stand: 2006

**Melski 2006** Melski, Adam: *Grundlagen und betriebswirtschaftliche Anwendung von RFID.* Göttingen, Universität, Institut für Wirtschaftsinformatik, Arbeitsbericht, November 2006 URL www.wi2.wiso.uni-goettingen.de. – Überprüfungsdatum 2008-04-03

**Michel 2004a** Michel, Yann-Rudolf: *RFID-Technologie.* Berlin. 15.07.2004. URL http://page. mi.fu-berlin.de/ymichel/RFID_article.pdf. – Überprüfungsdatum 2008-04-21

**Michel 2004b** Michel, Yann-Rudolf: *RFID-Technologie.* Vortrag 2004. URL http://page.mi.fu-berlin.de/ymichel/RFID_slides.pdf. – Überprüfungsdatum 2008-04-21

**Mülling 2006** Mülling, Katharina: *RFIDs im Krankenhaus : Seminar Medizintelematik SS 2006.* Wilhelm-Schickard-Institut für Informatik Universität Tübingen. 2006

**Ostler 2004** Ostler, Ulrike: *RFID-Einführung: Auf die Middleware kommt es an* URL http://www.silicon.de/software/business/0,39039006,39171832,00/rfid_einfuehrung+ auf+die+middleware+kommt+es+an.htm. – Überprüfungsdatum 2008-04-03– silicon.de

**Overmeyer u. Vogeler 2005** Overmeyer, Ludger; Vogeler, Stefan: *RFID: Grundlagen und Potenziale.* In: *Logistics Journal* (2005), Nr. 3, S. 1–12

**RWE-Handbuch** *RWE Energie BAU-HANDBUCH,* Kapitel 12, Elektro-Installation, 12. Ausgabe, EW Medien und Kongresse GmbH

**Pauli u. Moldan 2003** Pauli, Peter ; Moldan, Dietrich; Hudel, Elke (Mitarb.); Vierling, Wolfgang (Mitarb.): Mobilfunk: Schirmung elektromagnetischer Wellen im persönlichen Umfeld. Bayerisches Landesamt für Umweltschutz, Augsburg. Broschüre LfU, 05 / 2003.

**Pristauz 2005** Pristauz, Hugo: *Günstige Fertigungsverfahren auf geeignetem Equipment bringen die Kosten nach unten: RFID-Chipmontage um 0,1 Cent?* In: *Elektronik, Produktion und Prüftechnik* (2005), Nr. 12, S. 94

**Schneider, H.-J. 1998** Schneider, Hans-Jochen: *Lexikon Informatik und Datenverarbeitung.* 4., aktualisierte u. erw. Aufl., brosch. Ausg. d. 4. Aufl., 1997. München [u. a.]: Oldenbourg, 1998 – ISBN 3-486-24538-4

**Schneider, J. 2005** Schneider, Jochen: *RFID - Technik, Standards, Wahrnehmung*. Vortrag in Hagen, 23.06.2005. Südwestfälische Industrie- und Handelskammer zu Hagen

**Schreiner LogiData [Hrsg.] 2006** Schreiner LogiData GmbH & Co. KG, Waldvögeleinstraße 12, 80995 München. *e-temp-label®* : Datenblatt. 2006. URL: http://www.schreinergroup.de/wDeutsch/schreiner_logidata/Produkte/RFID_Loesung en/download/RFID_e-temp-label_d.pdf. – Überprüfungsdatum 2008-04-07

**STMicroelectronics [Hrsg.] 2007** STMicroelectronics, 39, Chemin du Champ des Filles, C. P. 21, CH 1228 Plan-Les-Ouates, GENEVA, Switzerland: *SRIX4K: Datenblatt*. *10*/04/2007. URL http://www.st.com/stonline/products/literature/ds/8887/srix4k.pdf. – Überprüfungsdatum 2008-04-21

**VDI 4472 Blatt 1/Part 1: 2006-04** VDI-Richtlinien VDI 4472 Blatt 1/Part 1. *Anforderungen an Transpondersysteme zum Einsatz in Supply Chain - Allgemeiner Teil*. April 2006

**Walk 2007** Walk, Eldor: RFID Standards 2007: Aktuelle Normen für das Warenflussmanagement. In: ident Verlag und Service GmbH (Hrsg.). *ident Jahrbuch 2007*. Rödermark: ident Verlag und Service GmbH, 2007, S. 59

**Westenberg 2006** Westenberg, Sven: *Integration mobiler RFID-Erfassung in das Supply Chain Management*. Koblenz; Landau, Universität, Institut für Wirtschafts- und Verwaltungsinformatik, Diplomarbeit, September 2006

**Weiss u. Kern 2004** Weiss, Rolf; Kern, Christian: *Zentrale und dezentrale Positionierung der Funktionseinheiten in der Bibliothek : Raumplanung für die Integration von RFID*. In: *ABI-Technik* Band 24 (2004), Nr. 2, S. 135–139


**Internetquellen**
**Informationsforum RFID** http://www.info-rfid.de - Überprüfungsdatum 2008-04-21

**heise online 2008. Meldung 106511** Labs, Lutz: *Nokia stellt NFC-Handy vor* URL http://www.heise.de/newsticker/meldung/106511/. – Aktualisierungsdatum: 2008-04-15. – Überprüfungsdatum 2008-04-24


**Normen**
**DIN EN 1008:2002-10** *Zugabewasser für Beton, Festlegung für die Probenahme, Prüfung und Beurteilung der Eignung von Wasser, einschließlich bei der Betonherstellung anfallenden Wassers, als Zugabewasser für Beton*. Ausgabedatum 2002

**DIN EN 206-1:2001-07** *Beton - Teil 1: Festlegung, Eigenschaften, Herstellung und Konformität Änderung durch DIN EN 206-1/A1:2004-10, DIN EN 206-1/A2:2005-09*. Ausgabedatum 2007

**DIN 1045-2:2001-07** *Anwendungsregeln zur DIN EN 206-1. Tragwerke aus Beton, Stahlbeton und Spannbeton - Teil 2: Beton; Festlegung, Eigenschaften, Herstellung und Konformität; Änderung durch DIN 1045-2/A2:2007-06, DIN 1045-2/A3:2008-01*. Ausgabedatum 2001

**DIN 18015-3:2007-09** *Elektrische Anlagen in Wohngebäuden - Teil 3: Leitungsführung und Anordnung der Betriebsmittel, Achtung: Berichtigung 1 von 2008-01*. Ausgabedatum 2007-09

MIX
Papier aus verantwortungsvollen Quellen
Paper from responsible sources
FSC® C105338

If you have any concerns about our products,
you can contact us on
**ProductSafety@springernature.com**

In case Publisher is established outside the EU,
the EU authorized representative is:
**Springer Nature Customer Service Center GmbH
Europaplatz 3, 69115 Heidelberg, Germany**

Printed by Libri Plureos GmbH
in Hamburg, Germany